健康零距离丛书

辐射防护实用手册

南京军区疾病预防控制中心·编

苏州大学出版社

图书在版编目(CIP)数据

辐射防护实用手册/杨龙,王忠灿,王长军主编;南京军区疾病预防控制中心编. —苏州:苏州大学出版社,2011.7 (2013.4 重印)
(健康零距离丛书)
ISBN 978-7-81137-723-1

Ⅰ.①辐… Ⅱ.①杨…②王…③王…④南… Ⅲ.①辐射防护-手册 Ⅳ.①TL7-62

中国版本图书馆 CIP 数据核字(2011)第 142504 号

辐射防护实用手册
南京军区疾病预防控制中心 编
责任编辑 杨 婷

苏州大学出版社出版发行
(地址:苏州市十梓街 1 号 邮编:215006)
扬中市印刷有限公司印装
(地址:江苏扬中科技园区东进大道 6 号 邮编:212212)

开本 787mm×1 092mm 1/24 印张 7 字数 124 千
2011 年 7 月第 1 版 2013 年 4 月第 2 次印刷
ISBN 978-7-81137-723-1 定价:13.00 元

策　划：李寿春　吴文智
主　审：沈宏粮　郭建斌　胡　波

《辐射防护实用手册》编委会名单

主　编：杨　龙　王忠灿　王长军
编　委：（以姓氏笔画为序）
卜爱文　车　丽　毛应华　朱乐明
许祥裕　吴文智　金慧英　郑亦军
荣　曙　赵国良　姜志宽

前　　言

安全是人类生存的本能需求。近来人类社会似乎又平添了一种新的疾患——“辐射恐惧症”。每个人都想知道自己身边有哪些辐射？大清早从睡梦中醒来，首先关心的是自己受到辐射了吗？今天该怎么做以保护自己免受辐射侵害？许多人正处于一种莫名的恐惧和忧虑状态。

其实，辐射只是自然界物质存在的一种基本属性。随着科学研究的深入，人类不断揭示辐射本质，电磁技术、核技术等高新科技创造的成果把人类带入现代文明的新时空；同时，我们也不得不面对新环境给我们带来的新危害——辐射污染。

辐射主要分为电离辐射和非电离辐射。电离辐射即我们通常讲的“核辐射”，非电离辐射一般指电磁辐射。由于辐射看不见、摸不着、不易察觉，所以容易引起人们的疑虑。

电磁辐射是近三四十年才被人们认识的一种新的环境污染，人们对电磁辐射仍处于认识和研究阶段。一些关于电磁辐射的报道不太客观，缺乏科学性，导致了人们不必要的误解和恐慌。对电磁辐射污染问题应采取科学的态度，客观分析、严肃对待，切不可人云亦云，不负责任地盲目夸大，造成人们认识的混乱。随着科学技术水平的发展，人们对电磁波污染及其危害的认识会逐渐深入，许多谜底终将被揭开。因电磁辐射危害大多属于非确定性效应，本书仅作简略介绍。

电离辐射即核辐射。鉴于核能应用日趋广泛，而且时有辐射事故发生，事故救援及其后期处置比较困难，造成危害人体健康后果严重，社会心理反应巨大，因此，本书从核辐射的物质基础、应用领域、危害途径、生物学效应、临床救治、事故应急、个人防护乃至日常生活中的注意事项等多个方面入手，对核辐射进行了较为细致的探讨。

当前，环境安全已经上升到国家安全的高度。随着科学技术的不断发展，人们日常工作、生活中所接触到的辐射会越来越多，学习辐射基本知识和防护方法，已成为现代人应该具备的一种基本素养。因此，我们组织了辐射防护、临床医学、应急救援等专业人员，编写本手册，希望能够帮助您掌握更多辐射防护知识，对您的家人和朋友的生活、工作，都有所裨益。

由于时间仓促，资料不全，加之作者实践经验和认识水平有限，书中难免有错误或不当之处，我们衷心盼望有关专家和广大读者不吝赐教，以便改正。我们的联系地址是：江苏省南京市中山东路293号，南京军区疾病预防控制中心医学防护所，邮编：210002，电话：025－80867038，E-mail：nanjing.1978@163.com。

编著者

2011年5月

目录

第一章 与日俱增——辐射危害

辐射从被发现那天起就与人类结下了不解之缘。辐射被广泛应用于工业、农业、军事、科技、通信、IT、航空、航天等领域，彻底改变了人们的生活方式，使人们的物质、文化生活更加丰富多彩。随着信息时代的到来，辐射给人类带来了福音；但是，如果使用过度，防护不当，又会对人类和环境造成危害。

一、辐射的基本特征

自然界中的一切物体，只要温度在绝对零度以上，都会以电磁波的形式时刻不停地向外传送热量，这种传送能量的方式称为辐射。物体通过辐射放出的能量，称为辐射能。辐射能按伦琴每小时计算。

按照辐射的量子能量的大小辐射又分为电离辐射和非电离辐射。

电离辐射是一种有足够能量使电子离开原子所产生的辐射，包括 α、β、γ 射线、中子以及 X 射线等。

非电离辐射一般指电磁辐射。电磁辐射又称电磁波，它由空间共同移送的电能量和磁能量组成，而该能量是由电荷移动所产生。例如，正在发射信号的射频天线所发出的移动电荷，便会产生电磁能量。电磁辐射有一个重要的特点，就是它是“对等的”，即不论物体（气体）温度高低都会向外产生辐射。甲物体可以向乙物体产生辐射，同时乙物体也可向甲物体辐射。

二、电磁辐射

（一）电磁波的发现

19 世纪英国物理学家麦克斯韦在总结法拉第、安培、高斯等前人理论的基础上，建立了电磁场理论，将电学、磁学、光学统一起来，预言了电磁波的存在，并推导出电磁波与光具有同样的传播速度。1887 年，德国物理学家赫兹用实验证实了电磁波的存在。1898 年，马可尼不仅证明光是一种电磁波，而且发现了更多形式的电磁波。这些电磁波的本质完全相同，只是波长和频率有很大的差别。造福于人类的无线电技术，就是以电磁场理论为基础发展起来的。

电磁波是电磁场的一种运动形态。电与磁可以说是一体两面，变化的电场会产生磁场，变化的磁场也会产生电场，两者不可分离。变化的电磁场在空间的传播形成了电磁波。电磁的变动就如同微风轻拂水面产生水波一般，因此被形象地称为电磁波。

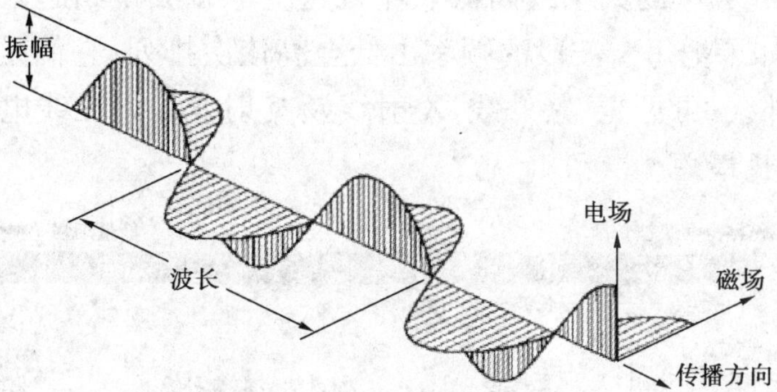

图 1-1　电磁波的传播

电磁波的特性主要有：电磁波是高速运动的物质，它在真空中传播速度可达到每秒 30 万千米；电磁波是一个没有静止的质点，是一个看不见、摸不着、嗅不到的“隐身物”；同一空间中可以有无限多的电磁波存在，它们“宽宏”、“大度”，互不干扰。

电磁波为横波。电磁波的磁场、电场及其行进方向三者互相垂直（图 1-1）。振幅沿传播方向的垂直方向作周期性交变，其强度与距离的平方成反比。波本身带动能量，任何位置的能量功率与振幅的平方成正比。

地球本身就是一个巨大的磁场，太阳光本身也是电磁波的一个频段，还有雷电和其他星球产生的电磁波等，都是自然产生的，所以叫自然电磁波。

（二）电磁波谱

按照波长或频率的大小或高低顺序把这些电磁波排列起来，就是电磁波谱（图 1-2）。如果把每个波段的频率由低至高依次排列，它们是工频电磁波、无线电波、红外线、可见光、紫外线、X 射线及 γ 射线。以无线电的波长最长，宇宙射线的波长最短。

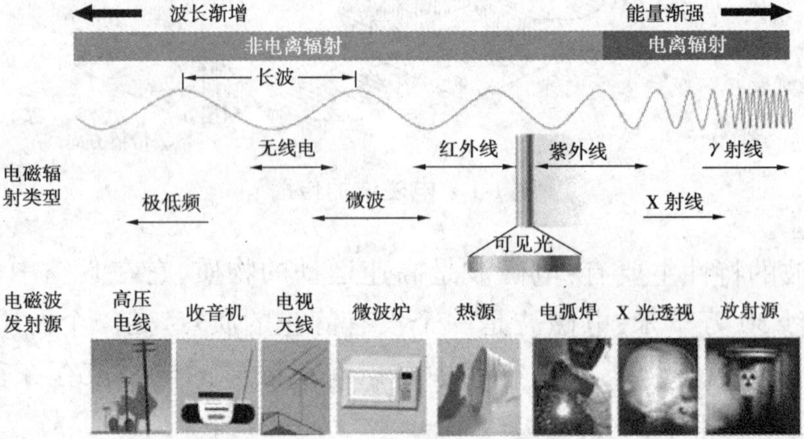

图 1-2　电磁波谱图

按照波长范围电磁波可分为特长波（100 ~ 1000 千米）、甚长波（10 ~ 100

千米)、长波(1000~10000米)、中波(100~1000米)、短波(10~100米)、超短波(1~10米)、分米波(1~10分米)、厘米波(1~10厘米)、毫米波(1~10毫米)、丝米波(0.1~1毫米)。

按照频率大小电磁波可分为极低频(3~30赫兹)、超低频(30~300赫兹)、特低频(300~3000赫兹)、甚低频(3~30千赫兹)、低频(30~300千赫兹)、中频(300~3000千赫兹)、高频(3~30兆赫兹)、甚高频(30~300兆赫兹)、特高频(300~3000兆赫兹)、超高频(3~30吉赫兹)、极高频(30~300吉赫兹)、至高频(300吉赫兹以上高频)。

(三) 电磁辐射的应用

电磁辐射的伟大发现,彻底改变了人类社会的生活方式,它虽然无形,却无处不在。电磁波把五彩纷呈的广播电视节目送到我们的面前,丰富了我们的文化生活;手机和可视电话缩短了人们之间的距离,加深了人与人之间的感情沟通;微波炉、电磁炉、电饭锅、电炒锅引发了厨房革命;微波的应用大大提高了医疗水平;信息化新军事变革更加显示了它的神通广大。此外,电磁波在食品保鲜、消毒杀菌、探测、测量等工农业生产等领域也得到广泛应用。

(四) 电磁辐射对人体的伤害

电磁辐射是一把双刃剑。电磁技术在造福人类的同时,也给人类和环境带来了一定的危害,并且这种危害如果得不到有效控制,会呈现日益加重的趋势。

电磁辐射对人体产生的危害机理主要是热效应、非热效应和累积效应。

热效应:人体内70%以上是水,水分子受到电磁波辐射后相互摩擦,引起机体升温,从而影响到身体其他器官的正常工作。

非热效应:人体的器官和组织都存在微弱的电磁场,它们是稳定和有序的,一旦受到外界电磁波的干扰,处于平衡状态的微弱电磁场即遭到破坏。

累积效应:电磁辐射对人体的伤害尚未来得及自我修复之前,再次受到辐射,其伤害程度就会发生累积。对于长期接触电磁波辐射的群体,即使电磁辐射功率很小,频率很低,也可能诱发病变。

目前研究证明,长期接受电磁辐射,可能会造成人体免疫力下降、新陈代谢紊乱、记忆力减退、心律失常、血压异常、视力障碍等影响。

（五）电磁辐射防护

目前,电磁辐射污染已成为继水、空气、噪声之后的第四大环境污染。为控制现代生活中电磁波对环境的污染,保护人体健康,1989年12月22日我国卫生部颁布了《环境电磁波卫生标准》(GB9175－88),规定居住区环境电磁波强度限制值:长、中、短波应小于10伏/米(V/m),超短波应小于5伏/米,微波应小于10微瓦/平方厘米($\mu W/cm^2$)。此外,国家环保总局也颁布实施了《电磁辐射环境保护管理办法》。

人类无法感知电磁辐射的存在,而且电磁辐射造成的伤害是缓慢的、隐性的,容易被人们忽视。那么,如何做好电磁辐射防护呢?生活中要坚持时间防护、距离防护、屏蔽防护这三大原则。

首先，做到距离防护。离得越远，越安全。例如看电视时，尽量与电视机保持一段距离，受到的辐射自然就少。

其次，注重时间防护。例如尽量避免使用手机“煲电话粥”，提高通话效率。

再者，必要时采取屏蔽防护。电磁辐射是无孔不入的，除了某些专业的防护服，譬如雷达兵使用的专用防护服会有较好的屏蔽防护作用外，目前市场上的“电磁辐射防护卡”“防护贴”“孕妇防护服”等都处于质量良莠不齐的状态，除非有专业需要，否则大可不必在这些方面花太多财力。同时，“防辐射食品”市场也是乱象丛生。应对电磁辐射，日常生活中在饮食上加强补充蛋白质等基本营养即可，无需另外补充“精华素”之类的营养品。

总之，按照防护三大原则要求，养成良好的生活习惯，就能对电磁辐射起到很好的防护作用。

三、电离辐射

电离辐射是一切能引起物质电离的辐射总称，其种类很多，高速带电粒子有 α 粒子、β 粒子、质子，不带电粒子有中子以及 X 射线、γ 射线。

在接触电离辐射的工作中，如防护措施不当，违反操作规程，人体受到照射的剂量超过一定限度，就可能对人体造成伤害，甚至死亡。

2007 年 2 月 15 日一个新的电离辐射警示标志出台，以作为传统的三角三叶形国际辐射标志的补充(图 1-3)。该标志由辐射波、骷髅头加交叉的股骨图形以及一个奔跑的人形组成。国际原子能机构(IAEA)和国际标准化组织(ISO)启用上述新标志，旨在帮助减少大型辐射源事故性照射造成的严重伤害和不必要的死亡，目的是确保其“危险—远离”的信息非常清晰，并为所有人理解。

新标志　　旧标志

图 1-3　新旧电离辐射警示标志对比

第二章

无处不在——核辐射

1896 年天然放射性的发现,揭开了现代科学技术崭新的篇章。20 世纪中叶以来,核科学技术和核工业取得了迅速的发展,实现了从基础理论研究到应用技术研究,从军事利用到和平利用的重大转变。核技术已渗透到各个领域,是当代科学技术的重要组成部分。

一、日常生活中的核辐射

人类有史以来一直受着天然辐射源的照射,这些辐射包括宇宙射线和地球放射性核素产生的辐射等。随着核技术在医学、工农业生产中的广泛应用,人类还受到包括人工生产的放射性核素造成的污染、人工制造产生辐射的装置和各种含放射性材料产品的核辐射(图 2-1)。

- 作用于人体的辐射源
  - 天然辐射
    - 地面上宇宙射线
    - 地球 γ 辐射外照射
    - 体内放射性核素内照射
    - 氡及其子体体内照射
  - 人工辐射
    - 核试验
    - 核能生产
    - 医疗照射
    - 民用消费品

图 2-1　作用于人体的辐射源

1. 天然本底

天然本底主要包括宇宙射线、土壤、水源和空气中的本底辐射(图 2-2)。

(1) 宇宙射线。

地球表面的宇宙射线主要来源于地球以外的天体运动,主要是质子、氦核、铁核等裸原子核组成的高能粒子流,以及能穿过地球的中微子流。当宇宙射线到达地球的时候,大气层会阻挡住部分辐射。

(2) 土壤、水源和空气中的本底辐射。

地球上的天然放射性核素主要来自于土壤、水源、空气以及与此相关的动物、植物和矿物等。人类衣食住行所必需的材料中都含有极微量不同类型的放射性物质。自然界存在的放射性核素主要有 ^{40}K、^{235}U、^{238}U、^{232}Th 等 60 多种，这些辐射是人类面临的主要本底辐射源。

需要指出的是，除非物质材料和环境受到放射性污染，自然状态下的放射性本底辐射一般不会对人类造成严重危害。

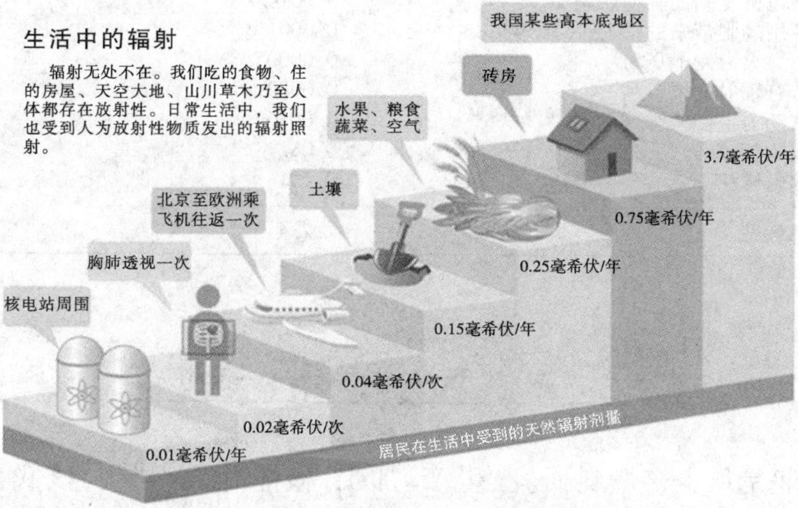

图 2-2　生活中的核辐射

2. 人工生产的放射性核素

人工生产放射性核素主要有核裂变反应堆和粒子加速器两种产生方式。利用反应堆生产的放射性核素产量高、成本低，是人工放射性核素的主要来源。

人工生产的放射性核素主要用于工业、农业、医学、军事等领域。生活中，各种辐射源对人类造成的年平均有效剂量见表 2-1。

表 2-1　各种辐射源对人类造成的年平均有效剂量

辐射源种类	年平均有效剂量　单位:毫希伏(mSv)
天然本底辐射	1
乘飞机受到的辐射照射	0.001
使用磷肥带来的辐射	0.00011
燃煤火力发电厂	0.00005
带有辐射的消费品	0.0082
核动力生产	0.0016
核试验	0.082
辐射诊疗	0.191
总计	1.284

二、　核工业体系核辐射

核工业是从事核燃料研究、生产、加工,核能开发、利用,核武器研制、生产的工业,是军民结合型工业,主要产品有核原料、核燃料、核动力装置、核武器(包括原子弹、氢弹和中子弹)、核电力和放射性同位素等。核工业在国防建设中具有重要的地位和作用。核武器比常规武器有更大的杀伤力和破坏力,能在战争中起到一般武器所不能起到的作用,但造成的放射性污染,会对生态环境造成长期、严重的后果。

在国民经济发展中,核工业也具有极为重要的地位和作用。现在,我们经常利用核能使之转变为电能、热能和机械动力。与有机燃料相比，核燃料具有异常高的热值，适用于为缺乏矿石燃料和水力资源的地区提供能源，也可作为持久航行的远洋船舰的动力。核电是一种清洁能源，利用核能发电，已被公认为是一种替代能源。为满足今后较长时间的能源需求，必须发展快中子堆核电站。快中子反应堆核电站及其燃料循环系统将是核工业的重要组成部分。从长远来看，发展利用氘氚核聚变产生能量的核聚变堆也具有重要的现实意义。

核工业还能够向国民经济各部门提供多种放射性同位素产品、同位素仪器、仪表以及辐射技术等核技术，在辐射加工、食品保鲜、辐射育种、灭菌消毒、医疗诊断、示踪探测、分析测量和科技生产等方面发挥愈来愈大的作用。放射性同位素和核技术的工业应用具有投资少、见效快、收益大、能耗低、公害小的特点，经济效益和社会效益显著，在国际上已迅速发展成为新兴的工业，广泛用于国民经济工、农、医、科技等各个领域。

另一方面，由于核工业体系主要包括核燃料的生产与加工，研究试验堆、生产堆及动力堆的建造，针对核燃料的后处理（钚 239 及其裂变产物、超铀元素的提取）以及核武器的研究与制造等的需要而建造起来的一系列的工厂，如核武器制造厂、矿石加工厂、精制转换厂、同位素分离工厂、燃料元件加工厂、后处理厂以及放射性废物处理和处置设施等，都会不同程度地具有核辐射。

当前常见的工业辐射源主要有仪表、天线干扰消除器或静噪滤波器、烟雾报警器，X 光机、消毒器、测厚处理器、微粒加速器以及辐照加工，矿物提取或处理，核电厂、实验反应堆和临界装置，放射发光材料等（表 2-2）。

表 2-2　常见工业辐射源

应用领域和材料	辐射源	源　强	注　释
仪表、天线干扰消除器或静噪滤波器，烟雾报警器	中子，铱 192，铯 137，钴 60，镭 226，镅 241，钋 210	高于 4TBq	密封源，如果泄露可造成表面沾染
X 光机、消毒器、测厚处理器和微粒加速器、辐照加工等	X 线，质子，氘核，电子，g 射线，铯 137，钴 60	4TBq ~ 40PBq	存在于工业区的任何地方，可产生活化产物
矿物提取或处理，包括磷酸盐肥料，石油，天然气和煤勘探	天然放射性材料，铀，钍及其子体	通常为本底水平到毫希伏（mSv）的低水平外照射	分散的低水平材料和管道积累的管垢，也可能来自仪表中的放射性释放和氡的浓聚
核电厂	钚 238，锶 90	钚 238：4GBq，锶90：1TBq	在隔离设备中
实验反应堆和临界装置	裂变产物，中子，裂变和可裂变材料，超铀元素	数十 TBq	各种区域，可造成数平方千米的大面积污染
放射发光材料	氚，镭 226，钷 147	数十 TBq	不同区域，如果泄露可造成表面沾染

注：G：10^9；T：10^{12}；P：10^{15}；Bq：贝可。

三、核能生产核辐射

1. 核电站废气、废水排放产生的核辐射(表2-3)

核电站排出的废气在大气稀释过程中可能被生活在放射性烟云经过地区的居民和生物直接吸入而造成内照射,同时,烟云内的放射性核素也会给人们造成直接的外照射。另外,烟云所带的放射性气溶胶随着风向在运输过程中不断地沉降或被降水洗刷,致使土壤和植物表面受到污染。人们食用这些被污染的植物及果实也会造成对人体的内照射。同时人们还可能因为食用在污染区放牧或饲养的动物的肉、奶、蛋而造成对人体的内照射。

核电站的废水通过污染水体使放射性核素进入人体。人们在污染水体中活动有可能受到水体中放射性核素的外照射,或受到附着在劳动工具及沉积在河床、淤泥、河堤、渠边和被污染水灌溉的土壤中的放射性核素的外照射,或用污染水洗澡、洗衣、洗刷地板等造成外照射。人们食用被污染水体捕捞及养殖的鱼、蟹、虾、蚌或海带、紫菜等而造成内照射,或人们食用以污染水体进行灌溉种植的蔬菜、谷物、水果和食用这些庄稼、牧草为饲料的动物肉、奶、蛋而造成内照射,或人们饮用被污染的水或用此水烹调食品而引起内照射等。在这些放射性核素照射途径中放射性核素并不是单纯地在各生物环节中转移,而是在某些生物环节表现了明显的富集作用。

表 2-3　核电站排放的放射性核素照射途径

核素	排放形式	主要照射途径	关键器官	在关键器官中的生物半排期（年）
^{3}H	大气稀释	吸入、浸泡在水中和空气中	全身、皮肤	2
	水	饮水、食用食物	全身	12
^{85}Kr、^{133}Xe、^{90}Sr	大气稀释	浸泡在空气中	全身	
	由水载带	饮水、食用鱼或软体动物	骨	6.4×10^{3}
^{131}I	由空气载带	地面沉降吸入空气、草—牛—奶、蔬菜	全身甲状腺	7.6
	由水载带	饮水、鱼及其他生物、动物的食用	甲状腺	
^{137}Cs	由空气载带	地面沉降吸入、草—牛—奶（或肉）	全身	70
	由水载带	沉积物、饮水、食用鱼类等	全身	
^{60}Co	由水载带	饮水、食用鱼类	胃肠道	

核电站通过废水、废气排放出的放射性核素有多种，其半衰期及对人体的毒害程度也各不相同（表 2-4）。

表 2-4　核电站排放的放射性核素及其特征

核素	主要射线能量		半衰期(a)	裂变产率(%)	毒性分类
	$E\beta_{max}$(MeV)	$E\gamma$(MeV)			
^{3}H	0.018	–	12.3	10^{-2}	低毒
^{85}Kr	0.67	0.514	10.3	0.3	低毒
^{133}Xe	0.346	0.081	2.27	6.5	低毒
^{90}Sr	0.546	–	27.7	5.9	高毒
^{137}Cs	0.514	0.662	30.0	5.9	中毒
^{60}Co	0.608	0.364	8.05	2.9	高毒
^{131}I	0.319	1.17、1.33	5.26		高毒

注：MeV:兆电子伏;a:年。

2. 核裂变产物产生的核辐射

对铀 235 裂变的研究表明，重核以 40 种以上的不同方式分裂，并产生 80 种以上的初级裂变产物。

几乎所有的裂变碎片都具有放射性，都发出负 β 粒子，而生成的直接衰变产物常常仍然具有放射性。虽然有些衰变链较长，有些较短，但平均每一碎片要经过三次衰变才能生成稳定的物质。

由于裂变中产生大约 80 种放射性同位素，而每一种又是其他两种的先驱元素，因此，在裂变后的短时间内，裂变产物中将存在 200 种以上的放射性同位素。大部分放射性裂变产物不会对环境构成危害，但少数放射性产物，由于寿命长、产率高以及其具有化学毒性的缘故，如果不慎排到自然环境中，会对公众健康构成威胁。

国际基本安全标准规定公众受照射的个人剂量限值为1毫希伏/年，而受职业照射的个人剂量限值为20毫希伏/年。在正常运行情况下，核电站对周围公众产生的辐射剂量远远低于天然本底的辐射水平。

四、医疗照射

随着现代科技的发展，放射性同位素与射线装置已广泛应用于医疗、科研等各个领域。据国际原子能机构（IAEA）和国际卫生组织（WHO）统计，除了核电站、核试验等核实践活动外，X射线诊断、放射治疗等医疗照射也是人类核辐射的主要来源（表2-5）。电离辐射的医学应用给人类防病、治病带来了巨大的便利，但由于仪器、设备的质量问题或使用不当等原因，医用辐射对人体健康也会造成一定的危害，甚至会导致放射性事故的发生（表2-6）。如何有效管理、使用医用放射源，做好医用辐射防护，不仅关系到保护放射工作人员、保护广大受检者与患者、保护公众及环境，而且关系到核技术的健康可持续发展。

表 2-5 群体 X 射线检查诊断一次剂量(平均值)

项　目	接受剂量毫戈瑞(mGy)
胸部透视	1.04
胸部拍片	1.07
胆囊造影	25
心血管造影	30
消化道造影	51.6

表 2-6 医用放射性同位素与射线装置

应用领域	放射源	源　强	注　释
肿瘤治疗	钴 60,铯 137	距源约 1 米处数小时的剂量可达 1 到数十戈瑞	装在治疗室内
各种治疗用源	铯 137,铱 192,镭 226,磷 32,锶 90,碘 125	数十 MBq(兆贝可)	治疗和核医学领域
放射药剂学	碘 131,碘 123,锝 99m,氙 133,铊 201	数十 MBq(兆贝可)	储存,核医学领域和运输
X 线机和加速器	X 线和电子	源的剂量率约为 0.01 戈瑞/分	放射医学或治疗室
生物医学研究用各种源和装置	氚,碳 14,钠 22,钠 24,硫 35,钙 45,钴 60	数十 TBq(太贝可)	各种领域,若泄露可造成表面沾染
粒子加速器	X 线,a,质子,氘核,电子,g 射线	4TBq(太贝可)~40PBq(拍贝可)	可能产生活化产物

注: M:10^6;T:10^{12};P:10^{15}。

人类所受到的集体辐射剂量主要来自天然本底辐射(约76.58%)和医疗辐射(约20%),核电站产生的辐射剂量非常小(约0.25%)。联合国原子辐射影响科学委员会2010年发布报告称,在所有人为因素导致的辐射中,医疗辐射所占的比例高达98%。

五、日用消费品核辐射

日常生活接触的天然气、燃煤、磷酸盐矿石制作的建筑材料以及我们室内地板、墙壁、天花板等建筑物等都释放产生一定量的氡及其子体,其中一部分进入室内,在通风和扩散作用下进入环境中。

民用消费品,如辐射发光产品中的夜光钟表、电子和电气器件、静电消除器、烟雾探测含铀或钍的气灯纱罩和某些光学透镜等,都含有天然或人工放射性核素,如^{226}Ra、^{147}Pm、^{3}H、^{85}Kr、^{232}Th、^{210}Po和^{230}Th等。人们在长期使用这些消费品的同时,也会给自身带来一定的照射剂量,但都比较小。

第三章
悄然横祸——放射性损伤

核辐射损伤与化学毒物中毒、传染性疾病等的致病机理有显著差别。因核辐射作用剂量不同,临床表现也复杂多样,造血系统损害在疾病发生、发展过程中处于中心环节。

一、核辐射与物质作用

穿透性核辐射所致生物细胞中分子成分的电不稳定性可引起损伤。引起原子或分子中电不稳定性的过程称为电离。

1. α 射线

α 射线通过某些物质时,使物质的原子发生电离。这时 α 射线把能量传给了阻止物质的原子,本身的能量逐渐减少,速度也随之减慢。α 射线穿过阻

止物质的距离就叫 α 射线在该物质中的射程。α 射线的电离本领强，但穿透力弱。

α 粒子质量较大，几乎不能穿透皮肤角质层，因此，发射 α 射线的放射性核素不会造成有意义的损害。但 α 射线可通过吸入、食入或污染伤口而进入体内。由于 α 射线有很强的电离本领，一旦进入人体组织和器官内，其破坏性较大。所以对于 α 射线，主要是防止其进入体内。

2. β 射线

β 粒子质量小，能穿透 1 厘米左右的组织，因此发射 β 射线的放射性核素尤其对诸如皮肤上皮、肺泡和肠绒毛等浅表组织有害，但是，只有在吸收或沉积于体内的情况下才会对内脏器官造成损害。

3. γ 射线

γ 射线不带电，它的穿透本领最强，要比 β 射线大 50～100 倍，比 α 射线大 10 000 倍。γ 射线在空气中的射程可达几百米，但它的电离本领却比 α 射线、β 射线都小。故对 γ 射线主要是防止体外照射。

4. 中子

中子的质量几乎与质子相等，但不带电荷，因此它的穿透本领与 γ 射线相当。中子通常不稳定，能很快放出一个电子而变为质子。质子是重带电粒子，其电离本领很强，故中子射入人体后，在体内的损伤作用也是很强的。尤其是中子在轻物质（如水）中很快减速，故对人体组织损害更大。

γ射线和中子穿透性更强，因而对内脏器官具有更大的潜在危害。

二、电离辐射生物学效应

生物分子损伤是一切辐射生物效应的物质基础，而生物分子损伤与自由基生成密切相关。自由基的最大特性是化学性质不稳定性和高反应性，寿命很短，生物分子自由基寿命在 $10^{-6} \sim 10^{-4}$ 秒之间。被损伤的生物分子可以通过各种方式进行修复。在自由基反应阶段（10^{-5} 秒内），若介质中存在能供氢的分子，如含巯基化合物（谷胱甘肽 GSH 等），则生物分子自由基可被修复。

1. 核辐射对生物大分子的作用

核辐射对 DNA、染色质、RNA 等遗传分子造成损伤，从而影响 mRNA 前体、tRNA 和 rRNA 的形成，严重影响蛋白质的合成。

核辐射造成蛋白质和酶分子结构破坏，导致蛋白质分子功能改变。蛋白质分解代谢增强非常显著，整个机体处于负氮平衡状态。此时，尿中氨基酸及其代谢产物如牛磺酸、肌酸、尿素等排出量就会增多。

辐射还会导致细胞膜脂质过氧化，膜受体功能改变，膜流动性下降。急性辐射损伤后，会造成机体糖代谢紊乱，糖原异生增强，糖酵解作用增强，能量代谢出现障碍。

2. 辐射对细胞的作用

细胞的辐射敏感性差异明显。不断生长、增殖、自我更新的细胞群对辐射敏感，稳定状态的分裂后细胞对辐射有高度的抵抗力。而多能性结缔组织，包括血管内皮细胞、血窦壁细胞、成纤维细胞和各种间胚叶细胞对辐射也较敏感。具体的人体组织器官辐射敏感性见表3-1。

表3-1 组织器官辐射敏感性

辐射敏感性	组　织
高度	淋巴组织，胸腺，骨髓，胃肠上皮，性腺（睾丸和卵巢的生殖细胞），胚胎
中度	感觉器官（角膜、晶状体、结膜），内皮细胞（主要是血管、血窦和淋巴管内皮细胞），皮肤上皮，唾液腺，肾、肝、肺组织的上皮细胞
轻度	中枢神经系统，内分泌系统，心脏
不敏感	肌肉组织，软骨和骨组织，结缔组织

核辐射容易引发细胞周期的紊乱，造成 G_2 期阻滞、G_1 期阻滞、S 期延缓和巨细胞形成，导致染色体畸变，甚至细胞死亡。

3. 辐射对器官和组织的作用

（1）神经系统的变化。

1 厘戈瑞以下的照射即可引起神经系统功能反应变化，但较大剂量才会引起形态变化。研究表明，孕妇妊娠期受照射，胎儿的中枢神经系统缺陷发生率明显增高，易出现小头畸形，多数伴有智力发育障碍；若在妊娠 8 ~ 15 周受照,即发生在胎儿神经元增殖和迁移最活跃的时期受照射,最严重的可发生胎儿前脑损伤,会严重影响智力发育。

人体头部受特大剂量照射后,可导致神经细胞变性坏死、神经胶质细胞增生、神经系统严重的机能紊乱,常见的症状有共济失调,肌张力增加、震颤,角弓反张和抽搐等。

(2) 内分泌系统的变化。

增殖的甲状腺或幼年发育中的甲状腺对辐射作用比较敏感。核爆炸和核事故中会有大量放射性碘污染环境,通过呼吸道和消化道进入人体,蓄积于甲状腺,引起甲状腺的放射损伤。碘 131 局部累积使剂量达 50 ~ 100 戈瑞时,甲状腺实质细胞发生间期死亡,腺体进行性萎缩,导致甲状腺功能低下。辐射可诱发甲状腺癌。

(3) 造血系统的变化。

造血器官是对辐射敏感的人体组织。大剂量辐射照射后,容易发生急性放射病,其中骨髓型急性放射病是电离辐射损伤的最基本类型。辐射主要会破坏造血干细胞、祖细胞和幼稚血细胞。

(4) 胃肠道的变化。

胃肠道也是辐射敏感器官之一,尤以小肠最敏感。照后早期会出现恶心、呕吐、腹泻等反应。早期小肠运动,分泌亢进,肠激酶活力增强,但吸收功能降低;后期胃肠道的运动、分泌功能都降低。

全身照射或局部照射都可在照后早期出现恶心、呕吐，照射 1 戈瑞左右的剂量即可发生，症状会持续数小时之久。其症状出现的快慢、呕吐次数和持续时间长短，都与照射剂量有关。

在较大剂量(4 ~5 戈瑞)照射后，早期还可出现腹泻，大于 10 戈瑞照射则会发生频繁腹泻。

（5）免疫系统的变化。

免疫系统对电离辐射十分敏感。急性全身照射对免疫功能的影响取决于照射剂量。一般在 0.5 戈瑞以上的剂量照射即可显示辐射对免疫系统的抑制作用。

（6）生殖系统的变化。

性腺也是辐射敏感器官。睾丸受 0.15 戈瑞照射即可见精子数量减少，照射 2 ~5 戈瑞可暂时不育，照射 5 ~6 戈瑞以上可导致永久不育。

辐射对胚胎发育过程的影响包括致死效应、先天性畸形、生长迟缓及各种机体结构和功能效应。妇女妊娠期受 2.5 戈瑞以上的剂量照射就会影响胚胎发育，其中妊娠 8 ~15 周是高危期。

（7）心血管系统的变化。

心脏对辐射的敏感性较低，10 戈瑞以下照射所见主要为造血损伤引起的出血和感染。血管方面以小血管较为敏感，照射后临床可见皮肤充血、红斑。红斑出现快慢与照射剂量有关，10 戈瑞照射后数小时即可出现，照射 10 戈瑞以下剂量则数日后才出现。

4. 辐射生物学效应分类和影响因素

（1）辐射生物学效应分类（表3-2）。

表 3-2　辐射生物学效应分类

分类依据	效应类型	特　点
按照射方式	外照射	辐射源由体外照射人体
	内照射	放射性物质通过各种途径进入机体，以其辐射能产生生物学效应
	混合照射	兼有内、外照射
按照射面积	局部照射	外照射的射线照射身体某一部位
	全身照射	全身均匀地或非均匀地受到照射
按照射剂量率	急性效应	高剂量率照射，短时间内达到较大剂量，效应迅速表现
	慢性效应	低剂量率长期照射，随着照射剂量增加，效应逐渐积累，经历较长时间表现出来
按效应出现时间	早期效应	照射后立即或数小时后出现的变化
	远期效应	照射后经历一段时间间隔（一般6个月以上）表现出的变化
按效应表现的个体	躯体效应	受照射个体本身所发生的各种效应
	遗传效应	受照射个体生殖细胞突变，而在子代表现出的效应
按效应的发生和照射剂量的关系	确定性效应（非随机性效应）	效应的严重程度（不是发生率）与照射剂量的大小有关，此种效应存在阈剂量，如照射后的白细胞减少、白内障等
	随机性效应	效应的发生率（不是严重程度）与照射剂量的大小有关，不存在阈剂量，如遗传效应和辐射诱发癌变等

（2）影响辐射生物学效应的因素。

① 辐照因素：包括辐射类型、剂量和剂量率、照射方式、照射面积等。

② 机体因素：包括种系差异、性别、年龄、生理状态、健康状况等。

③ 介质因素：细胞的培养体系中或机体体液中在照前含有辐射防护剂，如含 SH 基的化合物可减轻自由基反应，促进损伤生物分子修复，能减弱生物效应。

三、急性放射病

急性放射病是机体在短时间内受到大剂量（大于 1 戈瑞）电离辐射引起的全身性疾病。外照射和内照射都可能引发急性放射病，核战争、核辐射事故、医疗事故和治疗性照射均可引起急性放射病。

(一) 急性放射病的临床分类与临床症状(表 3-3)

表 3-3 急性放射病的临床分类

分类		主要临床症状	剂量(戈瑞)
骨髓型	轻度	轻度造血障碍,症状不典型	1~2
骨髓型	中度	感染、出血、脱发,食欲减退,外周血淋巴细胞、白细胞、血小板数量明显减少	2~4
骨髓型	重度	严重贫血和感染,如败血症,胃肠功能紊乱,水电解质平衡和代谢失调,精神萎靡,衰竭	4~6
骨髓型	极重度	严重的出血和感染,严重的胃肠功能紊乱和中枢神经系统症状,全身衰竭症状更重	6~10
胃肠型		初期症状多于照射后 20 分钟至 1 小时出现,频繁呕吐,血压下降,严重的消化道症状,全身衰竭	10~20
脑型		发病急速,运动失调、定向力障碍,认知损害,症状严重且变化快,病程仅 1~2 天	>50

(二) 诊断

1. 早期分类

(1) 病史:根据事故情况,初步估计剂量。如佩戴有个人剂量仪,应及时了解其读数。

(2) 初期症状:受照射后病员在 1~2 天内表现出的初期症状对判断病情有参考价值(表 3-4)。

表 3-4　急性放射病的初期症状

分型/分度		初期开始时间	持续时间(天)	主要表现
骨髓型	轻度	几小时至 1 天或不明显	>1	乏力,全身不适、食欲稍差
	中度	3 ~ 5 小时	1 ~ 2	头昏、乏力、食欲减退,恶心、呕吐、白细胞短暂升高后下降
	重度	20 分钟 ~ 2 小时	1 ~ 3	多次呕吐,可有腹泻,白细胞短暂升高后明显下降
	极重度	立即或 1 小时内	2 ~ 3	多次呕吐、腹泻,轻度腹痛,白细胞短暂升高后急剧下降
肠型		立即或数十分钟内		频繁呕吐、严重腹泻、腹痛、血红蛋白升高
脑型		立即		频繁呕吐,腹泻,定向力障碍,休克,共济失调,肌张力增强,抽搐

(3) 化验检查:

① 外周血淋巴细胞绝对值:早期外周血淋巴细胞的下降速度能较好地反映病情程度,是一个简单易行的早期化验指标(表 3-5)。

表 3-5　急性放射病早期淋巴细胞绝对值($\times 10^9$/升)

分型(度)		照后 1 ~ 2 天	照后 3 天
骨髓型	轻度	1.2	1.0
	中度	0.9	0.75

续表

分型(度)		照后 1～2 天	照后 3 天
骨髓型	重度	0.6	0.50
	极重度	0.3	0.25
肠型和脑型		<0.3	

② 网织红细胞及血红蛋白量：可作参考。

2. 临床诊断

根据照射剂量、病情的发展和各项化验指标完成最后的确定诊断。

(1) 物理剂量测定：要详细了解事故时辐射现场的情况、人与放射源的几何位置、有无屏蔽以及人员移动情况和时间的变化等。

(2) 生物剂量测定：利用体内某些敏感的辐射生物效应指标来反映病人受照射的剂量，称生物剂量。现在公认淋巴细胞染色体畸变率是合适的生物剂量计。

(3) 临床经过：初期和极期的主要临床表现，以及它们出现的时间和严重程度等，可作为诊断的依据。

(4) 化验检查：

① 外周血象：白细胞的变化规律表明疾病的发展阶段，血小板的形态改变。红细胞也有形态改变。

② 骨髓检查：骨髓细胞分裂指数和骨髓象的检查。

③ 生化检查:血、尿淀粉酶含量增高;尿中氨基酸排出增多;肌酸排出量增加,肌酸、肌酐比值增高;尿中 DNA 的分解代谢产物排出量增多。

（三）治疗

1. 骨髓型放射病的治疗

（1）治疗原则:以造血损伤为中心进行综合治疗,分度、分期治疗,做到“狠抓早期、主攻造血、着眼极期”,有利于提高治愈率。

（2）主要治疗措施:

① 早期给予抗放药:抗放药是指在照射前给药和照射后早期给药都可减轻放射病的一类药物,对中、重度放射病效果较好。必要时使用 G－CSF、TPO 等造血细胞因子,促进造血恢复。

② 改善微循环:静脉滴注低分子右旋糖酐,加入适量地塞米松和复方丹参注射液。

③ 防止感染:入院注意清洁处理,消毒隔离,重度以上病人应住入层流洁净病房,防止多重感染。

④ 防治出血:补充血小板和促进血小板生成,改善血管功能,纠正凝血障碍。

⑤ 输血及血液有形成分:输血,输白细胞,输血小板。

⑥ 造血干细胞移植。

2. 肠型和脑型放射病的治疗

综合对症治疗：目前，对于肠型和脑型放射病尚无治疗成功的经验，临床主要采取维持体液平衡、控制呕吐、镇静治疗等综合对症处理。

（四）药物预防

能预防或减轻放射损伤的药物称为辐射防护剂，主要包括半胱胺、胱胺、氨乙基异硫脲、氨磷汀和雌激素。

四、内照射放射损伤

放射性核素经各种途径进入体内，沉积于体内某些组织器官和系统引起的放射损伤称为内照射放射损伤。

（一）进入途径

（1）消化道：在消化道吸收率最高的放射性核素是碱族元素（钠、钾、铯）和某些非金属元素（碘、碲），可达90%以上；其次是碱土族元素（锶、钡），为10%～40%；铀、钚等镧系和锕系元素的吸收率最低，为0.01%～0.1%。

（2）呼吸道：以气态、气溶胶或微小粉尘的形式存在于空气中的放射性核素经此途径进入人体。

（3）皮肤和伤口进入体内：放射性核素通过伤口和皮肤粘膜的渗透、吸收进入体内。

（二）分布

放射性核素进入体内后，以两种方式参与体内的代谢过程：一种是参与体内稳定性核素的代谢过程，如碘131参与体内稳定性碘127的代谢；另一种是参与同族元素的代谢过程，如放射性核素铯137参与钾的代谢过程。根据其在组织和器官中的代谢特点，可分为两种：一是均匀性分布，如^{3}H均匀地分布于全身各组织、器官中；二是选择性分布，碘131大部分蓄积于甲状腺，碱土族元素锶90主要蓄积于骨骼，镧系元素^{140}La、^{144}Ce、^{147}Pm等主要蓄积于肝脏，^{106}Ru、^{129}Te、^{106}Rh等主要蓄积于肾脏中。

（三）排出

（1）胃肠道：经口食入或吸入后转移到胃肠道的难溶性或微溶性放射性核素，在最初的2~3天内，主要由粪便排出体外。如^{239}Pu由粪便可排除90%以上。

（2）呼吸道：气态放射性核素（如氡、氚），以及挥发性放射性核素，主要经呼吸道排出。

（3）泌尿道：经各种途径进入体内并吸收入血液的可溶性放射性核素，主要经肾随尿排出。如碘131进入体内后第1天尿中排出量占尿总排出量的50%左右，3天内的排出量占尿总排出量的90%。

（四）临床特点

（1）选择性损伤：如碘131大部分蓄积于甲状腺，造成甲状腺损害。

（2）潜伏期较长：放射性核素滞留在体内，沉积在不同组织和器官中，持续不断进行照射。

（3）病程发展缓慢：放射性核素进入体内组织后，核素辐射能在体内的释放是一个不断地缓慢持续的过程。

（4）病程分期不明显：因病程、病情发展缓慢，病程分期不明显。

（五）临床诊断及救治

临床诊断主要依据人员同放射性物质的接触史、接触时间、剂量估计、临床症状和化验检查，以及体内污染监测结果进行综合判断和治疗。治疗主要采取以下措施（表3-6）：

（1）消除体表沾染：应尽早洗消伤口去除沾染，以减少或阻止放射性核素进入体内。当伤口受沾染时，首先尽快用生理盐水冲洗伤口，必要时要尽早进行清创术。

（2）减少吸收：采用催吐和洗胃、口服吸附剂、服用缓泻剂等方法减少吸收。由呼吸道进入的放射性核素，应清洗鼻腔，口服祛痰剂，促使其随痰咳出。

（3）加速排出：应用络合剂、代谢药物加速排出。

表3-6　主要核素内污染的治疗方案

放射性核素	治疗方案
^{137}Cs	普鲁士蓝1克溶于水，口服3次，连续15天
^{131}I	口服碘化钾50毫克
^{239}Pu	Ca-EDTA 0.5克静注或雾化吸入或冲洗伤口

续表

放射性核素	治疗方案
^{3}H	利尿剂,大量饮水
^{90}Sr	褐藻酸钠 10 克溶于 2 杯糖水中,口服,每日 2 次,连续 3 天
^{210}Po	二巯基丙醇、二巯基丁二酸钠和二巯基丙烷磺酸钠
^{144}Ce	同 ^{239}Pu
超钚类	同 ^{239}Pu
^{235}U	14‰碳酸氢钠溶液灌注,8102 等促排

五、放射皮肤损伤

(一) 急性放射皮肤损伤

1. 临床表现

身体局部受到一次或短时间内(数日)多次受到大剂量(X、γ 和 β 射线)的外照射会引起急性放射性皮肤损伤,如放射性皮炎、放射性溃疡等(表 3-7)。

表 3-7　急性放射性皮肤损伤分度诊断标准

分度	初期反应期	假愈期	临床症状明显期	参考剂量(戈瑞)
Ⅰ度			毛囊丘疹、暂时脱毛	≥3
Ⅱ度	红斑	2～6 周	脱毛、红斑	≥5
Ⅲ度	红斑、烧灼感	1～3 周	二次红斑、水疱	≥10
Ⅳ度	红斑、麻木、瘙痒、水肿、刺痛	数小时～10 天	二次红斑、水疱、坏死、溃疡	≥20

2. 处理原则

立即脱离电离辐射源，疑有放射性核素沾染皮肤时应及时予以洗消去污处理，对危及生命的损害（如休克、外伤和大出血），应首先抢救处理。其余治疗与皮肤烧伤相似，但应争取早期植皮，促进创面康复。

（二）慢性皮肤放射损伤

1. 临床表现

局部皮肤长期受到超剂量限值的照射，累积剂量一般大于15戈瑞，受照数年后皮肤及其附件会出现慢性病变（表3-8），也可由急性放射性皮肤损伤迁延而来。

表3-8 慢性放射性皮肤损伤分度诊断标准

分度	临床表现（必备条件）
Ⅰ度	皮肤色素沉着或脱失、粗糙，指甲灰暗或纵嵴色条甲
Ⅱ度	皮肤角化过度，皲裂或萎缩变薄，毛细血管扩张，指甲增厚变形
Ⅲ度	坏死溃疡，角质突起，指端角化融合，肌腱挛缩，关节变形，功能障碍（具备其中一项即可）

2. 处理原则

对经久不愈的溃疡或严重的皮肤组织增生或萎缩性病变，应尽早手术治疗。

六、电离辐射的远期效应

机体受电离辐射照射 6 个月以后所发生的效应称为远期(或远后)效应,它也可以在照射后数年甚至更长时间才出现。

(一) 远期躯体效应

由辐射诱发而显现在受照者本人身上的效应称为躯体效应,主要包括以下几个方面:

1. 致癌效应

辐射致癌效应为随机效应,是人类最严重的辐射远期效应。影响辐射致癌的因素有:① 受照剂量;② 辐射性质;③ 潜伏期;④ 年龄与性别。

常见的几种辐射致癌类型(表 3-9)有:① 白血病。白血病是全身照射后诱发的最重要的远期效应。② 甲状腺癌。甲状腺癌是电离辐射外照射和内照射在人体诱发的重要远期效应之一。③ 其他癌症。例如长期吸入含放射性尘埃或气溶胶的矿工可能诱发肺癌。

表 3-9 辐射导致的四种常见癌症的辐射流行病学

种类	致癌剂量(戈瑞)	潜伏期(年)	病理组织类型	机体因素
白血病	0.2～0.4	5～25	急性白血病(大于 1 戈瑞),慢性粒细胞性白血病(小于 1 戈瑞)	年龄小,发病率高,潜伏期缩短

续表

种类	致癌剂量(戈瑞)	潜伏期(年)	病理组织类型	机体因素
甲状腺癌	1.0～0.1	15～26	滤泡癌,乳头状癌	发病几率:犹太人>其他民族;女性>男性;小孩>成人
乳腺癌	0.5～1.0	10～20	浸润型乳管癌	女性,年龄低于35岁发病率高
肺癌	1.0	15～20	未分化细胞型	年龄大,发生率高;吸烟者,潜伏期缩短

2. 白内障

电离辐射对眼损伤主要表现为晶体混浊,形成放射性白内障。

3. 生长发育障碍

母体在妊娠期受照射,对胎儿的影响非常明显,可出现小头症、智障等。

4. 对生殖功能的影响

男性全身或睾丸局部受一定剂量照射后,可致精子数减少,活动度降低及畸形精子增加。妇女则可引起月经不调甚至绝经。

(二) 遗传效应

亲代生殖细胞遗传物质因电离辐射所致突变而对胚胎或子代产生的影响,称为遗传效应。遗传效应是一种随机效应。

第四章
罪魁祸首——放射性沾染

放射性沾染不仅会引起外照射，同时还会经过消化道、呼吸道、皮肤粘膜或伤口等途径进入体内引起内照射。放射性物质的内照射所产生的危害远比外照射严重，因为放射性核素进入机体产生连续照射，直至进入体内的放射性核素全部排出体外，或在体内全部衰变时才终止。同时 α 射线和低能 β 射线等辐射的全部能量几乎都可被组织吸收。

一、放射性沾染的来源

（一）核试验的遗患

在大气层进行核试验的情况下，核弹爆炸的瞬间，由炽热蒸气和气体形成的大球（即蘑菇云）携带着弹壳、碎片、地面物和放射性烟云上升，与空气混合后辐射热逐渐损失，温度渐趋降低，最后气态物凝聚成微粒或附着在其他尘粒上，最后沉降到地面。

核试验的本质仍旧是核爆炸。核爆炸裂变产物形成的放射性沾染，对人类赖以生存的大气、水体、土壤等自然生态造成了严重危害，^{131}I、^{90}Sr、^{137}Cs、^{238}U、^{239}Pu 等核爆炸裂变产物已通过食物链向人体转移。

从 1945 年 7 月 16 日美国进行世界上首次核试验到 1989 年底，各国共进行了 1 800 多次核试验。其中，美国 900 多次，苏联 600 多次，法国 180 多次，美、苏两国核试验次数约占总数的 90%。从 1946 年 6 月 30 日到 1958 年 8 月 18 日期间，美国在马绍尔群岛进行的 67 次核试验，都被认为是大气试验，其中于 1954 年 3 月 1 日在比基尼环礁引爆的核弹试验，其当量相当于 1 000 颗广岛炸弹。

通过钚同位素示踪法等方法，根据$^{240}Pu/^{239}Pu$ 比值及其在沉积物芯中的分布特征分析，对东海及冲绳海槽沉积物、南海及邻近海域以及西北太平洋表层水进行测定，结果表明中国领海及其邻近海域除全球大气沉降外，20 世纪 50 年代早期美国在北太平洋马绍尔群岛进行的核爆实验是钚的另一重要来源。东海及冲绳沉积物中约 55%、中国南海及其邻近海域表层水中约 40%、西北太平洋表层水中约 20% 的钚，均来自北太平洋核爆基地。北太平洋赤道环流及其在西北太平洋的分支洋流，是钚自核爆地向中国领海迁移的主要通道。

（二）来自核电站的放射性沾染

核电站和其他热力发电厂一样，也要向环境排放废气、废水、废渣。但核电站的“三废”有个明显的特点，就是带有放射性。放射性核素通过许多途径直接或间接地使人体受到照射。放射线看不见摸不着，人们无法主动避开，一旦产生核污染，即使是很少的污染，都足以使人们产生恐慌，因此核电站对“三废”的排放非常重视。为此，核电站设有一套严格的措施和制度，采用先进的科学技术，使排放的放射性远低于国家允许排放的标准，比自然本底值还低很多。

除了核电站在正常运营过程中产生的放射性废物外，各种类型的核电站事故也会造成放射性沾染，如切尔诺贝利核电站事故等这些都对环境造成了不同程度的污染。

（三）脏弹有多“脏”

脏弹又称放射性炸弹，正式名称为“散布放射性装置”，它不产生核爆炸。脏弹通过引爆传统的黄色炸药等爆炸物，通过巨大的爆炸力，将放射性颗粒抛射、散布到空气中，造成相当于核爆炸放射性落下灰的污染，导致灾难性生态破坏。脏弹爆炸后，可以引起放射性颗粒的广泛传播，对人体造成伤害，是一种大范围传播放射性物质的武器。

脏弹与传统的核武器不同，其爆炸过程非常简单。将爆炸物用球状或粉末状的钴 60、铯 137 或锶 90 等放射性物质包裹起来，就制成了所谓的“脏弹”。

脏弹爆炸后造成的损害，主要取决于爆炸装置的大小，放射性材料的含量、性质，爆炸时的天气情况等。用脏弹袭击人口稠密的城市区域，接触者会在短时间内死亡、慢性中毒或导致癌症；遭袭击的城市、街区和建筑物都会受到放射性物质的污染，在以后数十年、甚至千百年中，退化为不适合人类居住的放射性地区。脏弹爆炸还可能引起人们的心理恐慌，导致混乱局面的出现，使地区经济遭受重创。

与小型核武器相比，脏弹所具有的现实威胁其实更大。日趋严重的国际核走私“核黑市交易”，使得核材料易于获得。脏弹与其他普通爆炸装置一样结构简单，容易制造，并且不少脏弹体积小、携带方便，因此脏弹频频成为恐怖分子声称发动新一轮恐怖行动的工具。

（四）核燃料循环的“三废”排放

原子能工业的中心问题是核燃料的产生、使用与回收。核燃料循环的各个阶段均会产生“三废”，能对周围环境带来一定程度的放射性污染。

核电站产生的乏燃料中包含较高的长寿命放射性废物，如 Pu、Np、Am、Cm 等锕系核素和长寿命裂变产物，给地球环境带来长期放射性危害。如果采取后处理闭式循环，将乏燃料中的铀、钚等提取出来进行再循环利用，使乏燃料处置的体积、数量下降 65%，核废物的体积和放射性都将大大减小，处置费用也显著降低。因此，大力发展 MOX 燃料有利于保护环境。

（五）医疗照射引起的放射性污染

目前，由于放射在医学上的广泛应用，医用放射源已成为主要的环境人工污染源。但碘 131、氟 18、锝 99 等，半衰期相对较短，对环境不会造成大的影响。

（六）其他方面来源的放射性污染

其他辐射污染来源，一是工业、医疗、军队、核舰艇，或研究用的放射源，因运输事故、遗失、失窃、误用，以及废物处理等失去控制而对居民造成大剂量照射或污染环境；二是一般居民消费用品，包括含有天然或人工放射性核素的产品，如放射性发光表盘、夜光表等产生的照射，虽对环境造成的污染很低，但也有必要对此类产品加强管理。

二、几种重要的放射性核素

1. 氚 3（^{3}H）

氚是氢元素的放射性同位素，它的原子核由一个质子与两个中子组成，它主要来自可裂变重核的三分裂变。

在压水堆中，氚主要是因冷却剂的水中含有一定浓度的硼，水与控制棒一起控制和补偿堆的反应性而产生的。

高温条件下，氚极易透过金属。核燃料中生成的氚，在反应堆的工作条件下，约有 80% 从不锈钢包壳内泄漏出去。不过，从锆合金包壳中泄漏出去的氚仅有 1%。

氚对人体的外照射可忽略不计。在堆内产生的氚具有与普通水完全相似的性质，所以很容易与普通水一起进入人体组织，在体内有效半衰期为 10 天。

2. 氪 85（^{85}Kr）

氪 85 是核燃料在裂变时生成的气体裂变产物中半衰期最长的一种，半衰期为 10.3 年。它主要是一个 β 发射体。

因为氪 85 是稀有气体氪的同位素，通常不进行处理而直接排放到大气中稀释。随着核工业的日益发展，大气中的氪 85 会随之逐渐累积。

氪 85 与其他稀有气体同位素一样，几乎不被人体吸收，对人体的主要影响是外照射。氪 85 对人体皮肤的照射 99% 是 β 射线所致，而对人体全身与生殖器官的照射有 95% 是 γ 射线及韧致辐射所致。

3. 氙 133（^{133}Xe）

氙 133 与氪 85 一样，也是核燃料在裂变过程中的一种气态裂变产物。氙本身也是一种稀有气体，几乎不被人体组织所吸收，也不参与人体内的新陈代谢过程。因此，按放射性的毒性分类标准，它与氪 85 同属于低毒核素，对人体的照射也是以外照射为主。

当前，在核电站中，对氙 133 通常是采用贮存滞留的方法来处理，待其放射性衰减到一定程度后，再排放到大气中。

4. 锶 90(^{90}Sr)

核素锶 90 是在核燃料裂变过程中产生的固体裂变产物。锶 90 熔点为 1360 摄氏度,半衰期为 27.7 年,属高毒性核素。锶 90 可在人类的一些食物链中富集,进入人体后通常积聚在骨骼,不易通过新陈代谢排出体外,在骨骼中的有效半衰期为 6400 天。

锶 90 虽然所占份额不高,但不能忽视它对环境的影响。

5. 铯 137(^{137}Cs)

已发现铯有 34 个放射性同位素。质量数小于 133 的铯同位素均为正电子(β^+)和电子俘获(EC)的衰变类型,质量数大于 133 的均为负电子(β^-)的衰变类型,前者的半衰期均较短,后者有些核素半衰期较长。由铀裂变生成的重要核素有铯 135、铯 137,它们的裂变产额分别为 6.41% 和 6.26%。铯 137 是裂变产生的最重要的放射性铯同位素。

核素铯 137 是在核燃料裂变过程中产生的固体裂变产物。铯 137 熔点为 660 摄氏度,半衰期为 30 年,属高毒性核素。铯 137 可在食物链中富集,肉类和牛奶等食物是其进入人体的重要来源。进入人体后通常积聚在肌肉,不易通过新陈代谢排出体外,在全身肌肉中的生物半排期为 70 天。

铯 137 是放射性沉降物的重要组分,是环境质量评估中的重要核素之一。

6. 碘 131(^{131}I)

碘共有 27 种同位素,即^{115}I ~ ^{141}I,碘 127 是唯一的稳定性同位素。在运行的反应堆中产生的放射性碘同位素有 12 种，当铀 235 热中子裂变动力反应堆运行 3 年之后，堆内放射性碘的“饱和”含量达到平衡。碘 131 也是核燃料裂变的产物之一。单质碘的熔点低，所以极易蒸发。显然，在反应堆的工作温度下，碘 131 都是以气态形式存在的，所以很容易从有缺陷的燃料组件中泄漏出去。

$^{136}I \sim ^{141}I$ 的半衰期很短，从反应堆释出过程中几乎全部衰变；碘 129 的半衰期太长，裂变产额和 β 粒子的能量又低，对公众基本不构成危害；主要的放射性碘同位素是 $^{131}I \sim ^{135}I$，尤以碘 131 为主，它是核电站事故早期环境中放射性碘的主要成分。碘 131 释放量是判定核电站事故严重程度的重要标准之一。

环境中放射性碘可以以气态、液态或固态等形式存在，主要呈气态或碘蒸气，约占核反应堆释放量的 10% ~90%。切尔诺贝利核电站事故释放到大气中放射性碘的组成为：粒子状态 10% ~30%，有机或无机碘化物 60% ~80%。放射性碘在环境中存在的化学形式主要是 I^- 和 I_2，大约 1/3 ~1/2 以 IO^{3-} 和 IO^{4-} 存在。

碘 131 属于高毒类的放射性核素，很容易被吸入或食入到人体，并积聚在甲状腺，同时碘 131 在食物链有明显的富集作用。因此在环境评价中，它是一个极为重要的核素。

7. 钴 60(^{60}Co)

钴 60 是冷却剂回路中的腐蚀产物，在中子辐照下活化生成的核素

[^{59}Co(n,γ)],半衰期为5.26年。钴60也属于高毒类放射性核素,进入人体后,胃肠中剂量最大。

8. 氡及其子体

近年来,氡及其子体的危害受到了人们的普遍关注。氡及其子体是诱发肺癌的重要因素,住宅及工作场所内氡暴露是危险度最大的电离辐射之一。

氡是一种天然产生的放射性气体,氡的天然放射性同位素包括^{222}Rn、^{220}Rn、^{219}Rn,由铀、镭衰变产生,是人类受到电离辐射的主要来源,约占天然放射的40%。在含有铀、镭的土壤、岩石和矿石中,人们可以发现高浓度的氡气。氡气可以通过土壤的孔隙、地板的裂缝及管道的孔洞等途径进入到我们生活的环境中,在封闭的房屋中氡气能够累积到很高的水平。一些特殊的地区,建材和地下水也能成为室内氡的重要来源。

氡的主要危害是衰变时释放高能(5.49~7.68兆电子伏)α粒子,吸入α粒子会滞留在人体的呼吸道上,对局部细胞产生照射,诱发肺癌。为了有效控制室内氡浓度,世界卫生组织于2009年9月21日发布了《室内氡手册》。

9. 铀238(^{238}U)

铀在自然界中有三种同位素^{234}U、^{235}U、^{238}U,其含量分别占0.0058%、0.71%、99.28%,此外还有12种人工同位素(^{226}U~^{240}U)。

同位素中只有铀235能用于核裂变反应,作为核武器和核电站燃料。虽然铀238最常见,但它却不是实用的核燃料,铀238只有在快中子作用下才能发生裂变。

含量比天然铀更低的铀叫贫铀，主要是铀238。贫铀具有高密度、高硬度、高韧性等物理特性，其密度为19.3克/立方厘米，可以和钨匹敌，几乎是铅的2倍。贫铀是核燃料的副产品，不少国家将贫铀用于新弹药的研制，生产贫铀弹。贫铀弹穿甲性能很强。在海湾战争期间，美国使用了大量贫铀穿甲弹。

贫铀弹弹头爆炸时产生高温，燃烧生成的铀氧化物烟雾可传至40千米以外。这种爆炸产生的粉状物，一旦被人体吸入或通过细小的伤口进入人体，就会对人体产生严重伤害，容易引发包括白血病在内的许多癌症和肝脏、神经系统疾病，甚至还能引起孕妇流产和新生儿畸形。

此外，贫铀弹爆炸后产生的放射性微粒也将对水源和土壤造成污染，并最终危害饮用水水体和食物链。由于^{238}U半衰期长达4.468×10^9年，这种污染的持续时间将会非常漫长。

10. 钚239(^{239}Pu)

钚有20种放射性同位素。在自然界中只找到钚244和钚239两种钚同位素，其他钚同位素都是通过人工核反应合成的。最重要的同位素是钚239，是使用铀和中子，并以镎(^{239}Np)作为中间体，产生β衰变，通过核反应合成。其半衰期为24 100年，是核武器中最重要的裂变成分。

钚的化学毒性并不十分严重。在20世纪40年代，美国就有26名工作人员因核武器研究，受到了钚的污染。但是他们的健康并没有受到严重影响，更没有人因此而死亡。

人们对于钚危害的担忧,更多的是来自于钚的电离辐射能力。钚衰变时会产生 α 射线。α 射线的穿透能力非常弱,但在空气中前进几厘米就将能量耗尽。而一旦钚进入到人体内,形成的内照射会对人体造成一定影响。与其他放射性元素相比,钚在这方面的危害更强,一旦侵入人体,就会潜伏在人体肺部、骨骼等组织细胞中,增加罹患癌症的风险。而且由于钚 239 半衰期很长,在医疗处理上更为困难。

日本东京电力公司 2011 年 3 月 28 日晚宣布,福岛第一核电站厂区采集的土壤样本首次检测出放射性元素钚。一些核能安全专家分析,这些钚可能来自 3 号反应堆,是核电站 6 座反应堆中唯一以钚铀混合氧化物(MOX)为燃料的机组。

三、放射性沾染的形成与特点

(一) 放射性沾染的形成

核爆炸时产生的大量放射性核素,在高温下气化,分散于火球内,当火球冷却成烟云时,与烟云中的微尘以及由地面上升的尘土凝结成放射性微粒。放射性微粒受重力作用向地面沉降,称为放射性落下灰,简称落下灰。由此造成的空气、地面、水源、各种物体和人体表面的沾染称为放射性沾染。

核反应是形成放射性沾染的物质基础,核爆炸的能量是放射性落下灰远处播散的前提条件，其影响范围与能量大小在一定程度上成正比。因此，单纯核物质的泄漏影响范围有限，处置也相对简单。

1. 放射性沾染的主要性质

（1）组成成分：放射性落下灰由核裂变产物、感生放射性核素和未裂变的核装料三部分组成。落下灰主要发射 β、γ 射线。

（2）理化特性：

① 状态：落下灰粒子多呈球形或椭圆形微粒，粒内放射性物质分布均匀。颜色与爆区土壤有关，可呈黑色、灰色或其他颜色。粒径大小与爆炸方式有关，地爆的粒径较大，自几微米至几毫米；空爆的粒径较小，仅为几微米至几十微米。② 溶解度：溶解度与落下灰的粒径大小、放化成分以及溶剂的酸碱度有关。水中溶解度较低，仅为 10% 左右；在酸性溶液中溶解度较高，如在 0.1 mol/L 的盐酸溶液中溶解度为 35% ~60%。③ 比活度：落下灰的比活度随其粒径的增大而减少。爆炸后 1 小时的落下灰，地爆的比活度为 $10^7 \sim 10^{10}$ 贝可/克，空爆的为 $10^8 \sim 10^{13}$ 贝可/克。

（3）落下灰的衰变规律：试验证明，在爆后 1 ~5 000 小时内，地面辐射级（即剂量率）的衰变可用“六倍规律”粗略计算，即时间每增加 6 的倍数，辐射级降至原来的 1/10。如某处爆后 1 小时辐射级为 80 厘戈瑞/小时，爆后 6 小时降至8 厘戈瑞/小时，爆后 36 小时降至 0.8 厘戈瑞/小时。

（4）放射性沾染计量：

① 地面沾染:用距地面0.7~1米高度辐射级表示,单位是戈瑞(或厘戈瑞)每小时(Gy/h、cGy/h)。通常将0.5厘戈瑞/小时的地域定为沾染边界。将地面沾染的严重程度划分为四级:0.5~10厘戈瑞/小时的地域为轻微沾染区;10~50厘戈瑞/小时的地域为中等沾染区;50~100厘戈瑞/小时的地域为严重沾染区;大于100厘戈瑞/小时的地域为极严重沾染区。② 人体或物体表面沾染:用单位面积上的放射性活度表示,单位是贝可/平方米(Bq/m^2)或贝可/平方厘米(Bq/cm^2)。③ 物质污染:用比活度表示,单位是贝可/千克(Bq/kg)或贝可/克(Bq/g)。④ 空气或液体污染:用放射性浓度表示,单位是贝可/升(Bq/L)或贝可/毫升(Bq/mL)。

(二) 放射性沾染对人员的损伤

放射性沾染对人员的损伤主要有三种方式。

(1) 外照射损伤:人员在严重沾染区停留,受到γ射线外照射剂量大于1戈瑞时,可引起外照射急性放射病,是落下灰对人员的主要损伤。

(2) 内照射损伤:落下灰通过种种途径进入体内,当体内放射性核素达到一定沉积量时,可引起内照射损伤。

(3) β射线皮肤损伤:落下灰直接接触皮肤,当剂量大于5戈瑞时,可引起β射线皮肤损伤。

在沾染区停留较久而又无防护的人员,可能同时受到以上三种方式的复合损伤。

(三) 放射性沾染的特点

(1) 放射性沾染物的放射性与物质的化学状态无关;

(2) 每一种放射性核素都能放射出具有一定能量的一种或几种射线;

(3) 每一种放射性核素都有一定的半衰期,不因气压、温度而改变;有些放射性核素半衰期只有几分钟甚至几秒钟,有的放射性核素的半衰期极长,例如钚 241 的 β 衰变产物镅 241 的半衰期为 433 年,铀 238 则长达 10^9 年;

(4) 除了核反应条件外,任何化学、物理、生物的处理都不能改变放射性核素的性质;

(5) 放射性物质进入环境后,可随介质的扩散或流动在自然界稀释和迁移,可在生物体内被富集并由此而产生在人体内的放射性沾染即内照射;

(6) 并非只有核爆炸才产生放射性沾染,核物质存在是前提,核反应是产生大量核物质的基础,爆炸只是把核物质向环境中播散范围扩大。

(四) 放射性物质在机体内代谢

1. 放射性物质的吸收

同位素进入体内的基本途径是吸入、食入和经由皮肤吸收。

(1) 吸入。

气溶胶形式的不可溶放射性颗粒吸入后将沿支气管树沉积。多数颗粒将会由于呼吸系统粘膜内层的纤毛运动而被排出,但由于颗粒的大小、形状和密度不同,也有一部分会渗透进肺泡并停留在那里,仅非常小的颗粒能穿透并移动很远的距离。某些同位素，如钚和锶也沉积在骨骼中。

（2）食入。

食入的不可溶性颗粒会停留在消化道，并与大肠内的排泄物混合后被排出体外，包括从上呼吸道清除和支气管系统纤毛运动而吞咽的颗粒。通常含α和β辐射的不可溶性放射性物质，由于不能被吸收，不会对肠道造成很大的危害。可溶性放射性物质吸收非常快，食入是可溶性放射性物质进入体内最重要的方式，尤其是在食用被落下灰污染的食物和水的情况下更是如此。许多裂变产物可渗进植被进入食物链。

（3）皮肤吸收。

如果受沾染的皮肤完好，沾染物中的一些不可溶性核素的中子、β或γ辐射，可能仅造成一些外部损伤。如果伤口被沾染，不可溶性物质积累在局部组织，只有通过清创术才能将其去除。

2. 放射性物质的清除

（1）放射性同位素的清除。

大多数可溶性物质通过肾脏排泄，滞留在肠道或分泌在胆汁中的放射性物质从粪便清除，挥发性物质和气体通过呼吸道清除。若受照后立即给予螯合剂，如钙或锌－DTPA，可有效增强某些放射性同位素的清除。

（2）阻止放射性核素的吸收。

某些情况下可运用阻断机体摄取放射性同位素的方法阻止其被机体吸

收。如在摄取放射性碘之前或摄取后立即服用稳定碘化钾，可减少甲状腺对放射性碘的摄取。口服普鲁士蓝可减少铯在肠道的吸收，口服褐藻酸盐可减少锶的吸收。

四、放射性物质在环境中的迁移

自然地理学把构成自然环境的物质总体划分为大气圈、水圈、生物圈、土圈和岩石圈5个自然圈。生物圈是指接近地球表面的那一层环境，即从海洋平面以下大约10千米起，到海平面以上大约10千米这一地球表面层。人类和其他生物有机体生存在这个表面层里，称之为生物圈。在生物圈中，生物是以群落生存的，它们和周围的大气、水、土壤、岩石、光、热等非生物环境之间存在着密切的关系，它们互相作用，进行物质和能量的交换。生物群落和环境一起构成了生态系统。放射性"三废"的排放可能改变生物圈中各生态系统平衡，放射性核素进入食物链，影响人类健康(图4-1)。

放射性气体和气溶胶在大气中的扩散是一种湍流运动，主要在距地面1~2千米的大气层迁移扩散，受到地貌、风向、风速、温度、天气、排放条件等因素的影响。放射性气溶胶因重力沉积、干沉积、湿沉积等方式形成地面沉积。由于风力作用，放射性颗粒被重新扬起污染大气，形成沉积颗粒的再悬浮。

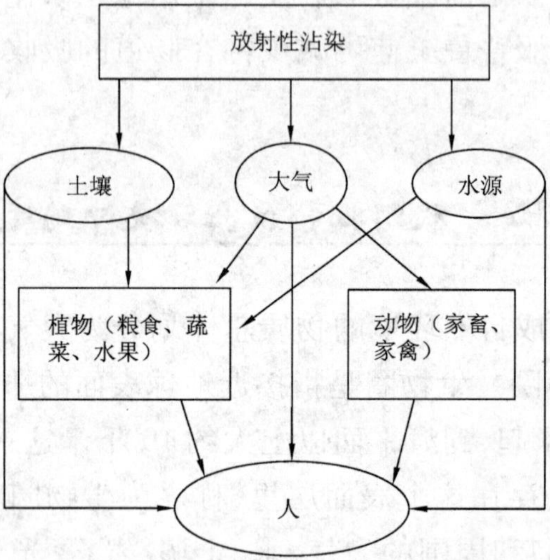

图 4-1　放射性物质在环境中的迁移

放射性落下灰的粒径大小对其迁移、扩散影响极大，较大颗粒因重力作用仅在数百米或数千米范围内沉降；微米级小颗粒进入对流层在周围数百千米的大范围沉降，亚微米级微小颗粒的气溶胶进入平流层形成全球范围沉降，带来全球灾难。

放射性物质在水体中的动态，受悬浮物的沉降、底质对放射性核素的吸附、底质引起的再污染等水底对水体放射性浓度的调节作用影响。同时，水生生物对放射性物质的吸收、浓集，形成放射性物质“贮存库”和“继发性污染源”,受沾染地区的海带、鱼虾等生物,可作为放射性碘的生物学指标。

放射性物质在土壤中的吸附和迁移,因离子交换作用以氧化物或氢氧化物沉淀,与土壤中有机物螯合在土壤中。放射性物质在地表植物叶部沉积,可直接进入食物链,如菠菜、烟草等;也可以通过土壤在植物根部沉积,参与植物本身新陈代谢。

放射性物质通过食物链向人体转移,放射性核素经过动植物等食物进入人体,植物性食品放射性高于动物性食品,我国饮食习惯主要以植物性食物为主,故中国人体内放射性沾染容易比西方人高。

五、放射性“三废”的处理

放射性废物中的放射性物质,采用一般的物理、化学及生物学的方法都不能将其消灭或破坏,只有通过放射性核素的自身衰变才能使放射性衰减到一定的水平。而许多放射性元素的半衰期十分长,并且衰变的产物又是新的放射性元素,所以放射性废物与其他废物相比在处理方法上有许多不同之处。

1. 放射性废气的处理

(1) 铀矿开采过程中产生的废气、粉尘,一般可通过改善操作条件和通风系统得到解决。

(2) 实验室废气,通常是进行预过滤,再进行高效过滤后再排出。

（3）燃料后处理过程中的废气，大部分是放射性碘和一些惰性气体。低温系统、活性炭吸附系统和化学方法，都能用于稀有气体的分离并能抑制其逃逸；碘过滤器、活性炭吸附、附银分子筛等能够有效消除碘的沾染。孔径小于0.4微米纤维材料或微孔材料作滤料制成的过滤器，消除放射性气溶胶的效率超过99%。

2. 放射性废水的处理

目前主要是把废液中的放射性核素富集后再安全处理，通过其本身固有的衰变逐渐减弱放射性活度。放射性废水的处理方法主要有稀释排放法、放置衰变法、混凝沉降法、离子变换法、蒸发法、沥青固化法、水泥固化法、塑料固化法以及玻璃固化法等。

3. 放射性固体废物的处理

放射性固体废物主要通过多种固化方式，将放射性核素固结，减少废物的体积。选找适合的受纳地层，将固化后放射性固体废物通过浅地层埋藏、深地层埋藏、海洋处置等最终处理方式，阻挡放射性核素进入人类生物圈。

第五章

前车之鉴——核事故

核电站安全一直是制约核电站发展的主要因素。“前事不忘，后事之师”，1986 年苏联切尔诺贝利核电站事故以及目前的日本福岛核电站事故都对人类环境与健康造成了严重危害。

一、触目惊心的核事故

（一）苏联切尔诺贝利核事故

切尔诺贝利核电站事故是迄今影响较大的一次民用核电站泄漏事故，国际核安全和辐射事件等级（INES）达到 7 级。这场核灾难发生于 1986 年 4 月 26 日，当时 4 号反应堆的技术人员正进行透平发电机试验。由于操作失误，导致一系列意想不到的突然功率波动，核爆炸导致安全壳破裂，大量放射性裂变产物和辐射尘释放到大气中。当时的辐射云覆盖欧洲大部分地区，有超过33.5万人被迫撤离、疏散。此次核事故的直接死亡人数为53人，另有数千人因受到辐射患上各种慢性病，甲状腺癌、儿童白血病以及新生儿生理残疾仍在折磨着当地人。

据专家估计，完全消除这场浩劫的影响最少需要800年。这次核事故所造成的危害，比广岛、长崎原子弹更加严重，它造成的放射性污染使近900万人受到不同程度的影响（具体受害人数各方统计不一），该次事故是核电发展留在人们心中永远的噩梦。

（二）美国三里岛核电站事故

1979年3月28日凌晨4时，美国宾夕法尼亚州的三里岛核电站第2组反应堆的操作室里，红灯闪亮，汽笛报警，涡轮机停转，堆心压力和温度骤然升高。两小时后，大量放射性物质溢出。

随着美国媒体和国际媒体连日将三里岛事件作为头条新闻报道，一些著名的美国媒体人开始用“恐怖”这样的字眼描述该事件，还称“情况会更加糟糕”。4月1日，卡特总统亲自视察三里岛核电站。直至6天后，堆芯温度开始下降，蒸气泡消失，引起氢气爆炸的威胁才得以解除。100吨铀燃料虽然没有熔化，但有60%的燃料棒受到损坏，反应堆最终陷于瘫痪。

事故发生后，全美震惊，核电站附近的居民惊恐不安，约20万人撤离这一地区。美国各大城市的群众和正在修建核电站地区的居民纷纷举行集会示威,要求停建或关闭核电站。美国和西欧一些国家政府不得不重新检查或修改发展核动力计划。

(三) 日本福岛核事故(表 5-1)

福岛核电站位于北纬 37 度 25 分 14 秒,东经 141 度 2 分,地处日本福岛工业区。它是目前世界最大的核电站之一,由福岛一站、福岛二站组成,共 10 台机组(一站 6 台,二站 4 台),均为沸水堆,属于第二代核电站。

2011 年 3 月 11 日,日本 9.0 级地震并引发海啸,导致福岛多个反应堆机组相继发生事故,造成了放射性物质泄漏。到目前为止,此次事故已造成一定程度的放射性污染,并使部分人员受到辐射照射。

表 5-1 日本福岛第一核电站核泄漏危机重大事件回顾

时间	事 件 进 展
3 月 11 日	日本东北部近海发生里氏 9.0 级地震,福岛第一核电站 1 至 3 号机组自动暂停运作(4 号至 6 号机组处在关闭状态)。日本首相菅直人宣布核紧急情况,指示居住在核电站周边半径 3 千米区域内的居民疏散
3 月 12 日	菅直人视察受损核电站。政府将疏散范围扩大至核电站周边半径 20 千米的区域
3 月 14 日	3 号机组发生氢气爆炸
3 月 15 日	2 号和 4 号机组发生氢气爆炸。政府指示核电站周边 20 至 30 千米范围的居民呆在室内
3 月 17 日	地面自卫队直升机从空中向 3 号机组注水,消防车从地面喷水
3 月 18 日	日本原子能安全和保安院初步将 1 号至 3 号机组事故定为 5 级

续表

时间	事 件 进 展
3月19日	日本政府宣布福岛县牛奶和茨城县菠菜感染超标准的核辐射量
3月20日	5号和6号机组进入被称做“冷停堆”的稳定状态
3月26日	1号机组排水处附近海水被发现含放射性碘,含量是可允许值的1 850倍
3月27日	1至3号机组汽轮机建筑物附近的隧道内发现有高放射性水
3月28日	2号机组汽轮机建筑物的地下室发现有高放射性水。东京电力公司称,3月21日和22日在核电站内探测到了钚
3月30日	东京电力董事长胜俣恒久宣布弃用1至4号机组
4月2日	2号机组海水取水处附近的混凝土竖井出现裂缝,放射性水正在泄漏
4月4日	开始向大海排放1至4号机组集中废弃物处理设施等存储的约9 000吨低放射性污水
4月6日	高放射性污水的泄漏停止。工作人员开始向1号机组注入氮气,防止氢气爆炸
4月10日	工作人员开始利用小型无人直升机确认1号至4号机组反应堆所在建筑的状况,并利用可远程遥控的无人重型机械清除核电站内因氢气爆炸等产生的瓦砾。这些瓦砾可能在释放放射性物质
4月12日	日本原子能安全与保安院做出决定,将福岛第一核电站的核泄漏等级由目前的5级提高到7级。这意味着,福岛第一核电站的核泄漏规模达到了与切尔诺贝利核电站同样的等级,属于最高级

随着事故的进一步影响,核泄漏放射性烟云扩散到美国、加拿大、欧洲等地,我国各省市先后在大气中检出微量碘131、铯137等放射物,某些区域的菠菜等食品中也有轻微污染,继而引发碘盐抢购、担心海产品安全等恐慌反

应。日法两国首脑一致同意将福岛第一核电站事故作为2011年5月在法国举行的八国集团峰会的主要议题,还一致表示年内努力制定出关于核电站的国际安全标准。因地震及海啸对道路、供水等公共设施的破坏,导致救援进展缓慢。数万吨放射性污水排向大海,民众普遍担心铀、钚等核材料的长远危害以及食物链放射性污染等问题。目前还不能确切评估事故最终危害程度。

二、 核电站事故分类与等级划分

(一) 核电站事故分类

根据中华人民共和国核工业部标准《EJ 312 - 88 压水堆核电厂运行及事故工况分类》,规定了压水堆核电厂运行及事故工况的分为正常运行、中等频率事故、稀有事故、极限事故4种工况,各工况的典型事例见表5-2。

1. 工况Ⅰ——正常运行

工况Ⅰ是压水堆核电厂在启动、调试、功率运行、换料、维护或检修过程中,所预计到的经常性或定期出现的工况。工况Ⅰ事件引起的物理参数变化不会达到触发保护动作的阈值。

2. 工况Ⅱ——中等频率事故

工况Ⅱ是核电站在每年内都可能发生的预计运行事件或一般事故,最多要求反应堆停堆,但采取校正措施后,即能恢复运行。据此定义,这些事故不会扩大到引起更严重的工况。此外，这些事故预计不会发生燃料棒破损或反应堆冷却剂系统超压。在工况Ⅱ事故时，当达到规定的阈值，保护系统能够应急停堆，但是，在完成必要的校正动作和满足一些要求后，反应堆可重新投入运行。

3. 工况Ⅲ——稀有事故

工况Ⅲ是在核电厂规定寿期内可能会出现的频率很低的事故。在此工况下，虽然会发生部分的燃料损伤，并使反应堆在一个长的停堆时间内不能恢复运行，但是燃料棒的破损仅为一个小的份额，释放的放射性物质不足以中止或限制居民使用非居住区半径以外的区域，工况Ⅲ本身不会扩大成工况Ⅳ那样的事故，不会进一步丧失反应堆冷却剂系统或安全壳屏障的功能。

4. 工况Ⅳ——极限事故

工况Ⅳ是在核电厂规定寿期内预计不会发生的假想事故。这类事故可能会放出大量的放射性物质，它代表了设计的极限情况，是最严重的工况。在此工况下，释放到周围环境的放射性裂变产物不应对居民的健康和安全造成过度的危害，以致超过国家规定的剂量标准。单一的工况Ⅳ事故不应使对付这类事故所需系统的功能丧失，如堆芯应急冷却系统和安全壳的功能。

表 5-2　各类工况的典型事例

工况	工况Ⅰ	工况Ⅱ	工况Ⅲ	工况Ⅳ
典型事例	(1) 稳态运行和启动、停堆操作： a. 功率运行 b. 启动 c. 热备用 d. 热停堆 e. 冷停堆 f. 换料 (2) 在允许偏差范围内的运行 在电厂持续运行期间会出现技术规格书所许可的各种偏差，这些偏差必须与其他运行方式一起考虑，并包括： a. 带有停运设备或系统的运行，如带有一台停用的反应堆冷却剂泵的功率运行 b. 包壳有缺陷的燃料棒的泄漏 c. 反应堆冷却剂中的放射性，包括裂变产物、腐蚀产物和氚的放射性	a. 一组联动控制棒组件从次临界或低功率的反应堆中失控提升 b. 一组联动控制棒组件在功率运行的反应堆中失控提升 c. 系统失效或操作人员差错引起控制组件误动作 d. 化学和容积控制系统功能失效引起的冷却剂中硼浓度失控稀释 e. 反应堆冷却剂泵电机事故保护停机或失去电源，冷却剂强制循环流量部分丧失 f. 不工作的反应堆冷却剂环路的意外启动 g. 外电源负荷丧失和（或）汽轮机事故停机 h. 丧失正常给水功能 i. 电厂辅助设备失去外电源（全厂断电）	a. 反应堆冷却剂压力边界内各种假想的管道小破口引起冷却剂丧失事故 b. 安全壳内和安全壳外蒸气系统管道小破口 c. 燃料组件意外地装错位置，并在错位上运行 d. 反应堆冷却剂泵电机事故停机或失去电源使冷却剂强制循环流量全部丧失 e. 在反应堆满功率时提升单个控制棒组件 f. 安全壳内和安全壳外给水系统管道小破口 g. 蒸气发生器管子破损，泄漏率超过了规定的安全限值 h. 贮液罐或气体衰变箱破裂 i. 控制棒提升程序有误，以致超过了规定的安全限值	a. 反应堆冷却剂管道大破口，直到并包括管道的最大可信断裂 b. 安全壳内和安全壳外给水系统管道大破口 c. 安全壳内和安全壳外蒸气系统管道大破口 d. 单台反应堆冷却剂泵转子卡住或泵轴断裂 e. 控制棒组件各类弹棒事故 f. 燃料装卸事故 g. 燃料或堆内构件因堆芯掉落而移动 h. 蒸气发生器单根传热管断裂

续表

工况	工况Ⅰ	工况Ⅱ	工况Ⅲ	工况Ⅳ
典型事例	d. 直至并包括技术规格书所允许的蒸气发生器的最大泄漏的运行 e. 技术规格书许可的试验 (3) 运行瞬态 a. 电厂升温和降温(对反应堆冷却剂系统,升降温速率小于或等于38摄氏度/小时,仅用于稳压器冷却,冷却速率可为93摄氏度/小时) b. 负荷的阶跃变化(变化幅度小于或等于10%满功率) c. 负荷连续变化(每分钟内变化速率小于或等于5%满功率) d. 甩负荷,包括甩掉满负荷而未达到事故停堆的瞬变过程	j. 给水系统功能失效(如给水温度降低,给水流量增加等)引起过度地导出热量 k. 负荷过度增加 l. 反应堆却冷剂系统卸压,如一台稳压器卸压阀意外开启 m. 主蒸气系统意外卸压,如一台蒸气排放阀或卸压阀或安全阀意外开启 n. 在功率运行时,应急堆芯冷却系统意外投入运行 o. 安全壳外冷却剂小管道破损,如取样管和仪表管等 p. 冷凝器失去真空 q. 汽轮机调节阀故障关闭 r. 控制棒误落 s. 控制部件单一故障 t. 电气系统单一故障	j. 反应堆加入无法解释的反应性	

（二）核电站事故分类与等级划分

目前通用的《国际原子能机构核事件分级表》（表 5-3），是由国际原子能机构和经济合作与发展组织核能机构召集国际专家制定的，用于以协调一致的方式迅速向公众通报有关辐射事件的安全意义。

表 5-3　国际原子能机构核事件分级表

级别	说　明	准　则	实　例
7	特大事故	大量核污染泄露到工厂以外，造成巨大健康和环境影响	1986 年苏联切尔诺贝利核事故
6	重大事故	一部分核污染泄漏到工厂外，需要立即采取措施来挽救各种损失	1957 年苏联基斯达姆核事故
5	具有厂外风险的事故	有限的核污染泄漏到工厂外，需要采取一定措施来挽救损失	1979 年美国三里岛核事故
4	没有明显厂外风险的事故	非常有限但明显高于正常标准的核物质被散发到工厂外，或者反应堆严重受损或者工厂内部人员遭受严重辐射	1999 年日本东海村核事故
3	重大事件	外部放射剂量在允许的范围之内，或者严重的内部核污染影响至少 1 个工作人员	

续表

级别	说 明	准 则	实 例
2	很小的内部事件	这一级别对外部没有影响，但是内部可能有核物质污染扩散，或者直接过量辐射了员工或者操作严重违反安全规则	
1	异常	这一级别对外部没有任何影响，仅为内部操作违反安全准则	
0	偏离	安全上无重要意义	

该分级表将事件分为7级：1～3级称之为“事件”；4～7级称之为“事故”；无安全意义的事件被划分为“分级表以下/0级”。只要核污染泄漏到工厂外，就定义为5级或5级以上事故，核电站事故的发生、发展是一个动态过程，地震引起的福岛核电站事故，有专家认为其影响甚至超过切尔诺贝利核事故。

三、核事故发生时释放的放射性物质

不同类型的核设施发生事故时，向周围环境释放的放射性核素的种类也各不相同（表5-4）。铀矿山和核燃料加工厂发生事故时，向环境释放的主要是天然放射性核素，如天然铀、镭226、氡及其子体核素；而反应堆、核电厂则以裂变产物、锕系元素(铀238俘获中子形成的超铀元素)和活化产物为主;核燃料后处理厂既有裂变产物及活化产物,也有更具危害性的钚239等超铀核素。

裂变产物是重核裂变过程产生的子体,裂变产物中包括近40种元素,约200种不同的核素,其中质量数为85~105及130~150之间的核素产额较高。绝大部分核素是放射性的,衰变子核也往往具有放射性。运行一段时间以后,堆内存在的核素已有上千种。

应急中首先需要注意的是那些易于向环境释放、对公众造成较大剂量负担、危害大的核素。由反应堆向环境释放核素的过程包括穿透燃料包壳、主系统压力边界和安全壳等过程,因此要着重注意的是产额较高、半衰期中等、辐射生物学效应比较明显、气态或易挥发的核素。反应堆发生重大事故时,堆内的放射性核素最容易释放到环境中的是核燃料(^{235}U、^{239}Pu)的各种气态裂变产物(Kr、Xe的同位素)和在较低温度就易升华的碘,其次是熔点较低的核素(^{134}Cs、^{137}Cs、^{132}Te),熔点高的核素(^{95}Zr、^{89}Sr、^{90}Sr、^{141}Ce、^{144}Ce)的释出率较低。对公众造成内、外照射的核素主要是^{137}Cs、^{134}Cs和^{131}I,而其他放射性核素的照射剂量要少得多。后果分析所关心的主要核素只有十几种,其特征见表5-5。

表 5-4　不同类型核事故释放的典型放射性核素

[IAEA – TECDOC – 1092,1999]

核事故类型	重要的放射性核素		
	第一天[a)]	第一周[b)]	长期
安全壳失效或不失效的反应堆堆芯熔化事故	Y-90,Sr-91 Y-93, Nb-96 Zr-90,Mo-99 Rh-105 Pd-109 Ag-111 Pd-112 Cd-115 Sn-121 Sn-125 Sb-126,I-131 I-132 Te-131m Te-132,I-133 I-135,La-140 Pr-142 Ce-143 Pr-143 Ba-146 Nd-147 Pm-149 Pm-151 Eu-152m Sm-153 Sm-156 Eu-157,Np-239	Rh-86,Sr-89 Y-90,Y-91 Nb-95,Zr-95 Nb-96,Mo-99 Tb-160,Ru-103 Rh-105,Ag-111 Pd-112,Cd-115 Cd-115m,Sn-121 Sb-124,Sn-125 Sb-127,I-131 Te-131m,Te-132 I-133,Cs-136 Ba-140,La-140 Ce-141,Ce-143 Pr-143,Nd-147 Pm-149,Pm-151 Sm-153,Np-239	H-3,Sr-89 Sr-90,Y-91 Nb-93m,Nb-95 Ru-103,Ru-106 Ag-110m Cd-113m Cd-115m Sn-121m Sn-123,Sb-124 Sb-125,I-129 Cs-134,Cs-137 Ce-141,Ce-144 Pm-147,Tb-160 Pu-238,Pu-239 Pu-240,Am-241 Pu-241,Cm-242 Pu-242,Am-243 Cm-244

续表

核事故类型	重要的放射性核素		
	第一天[a]	第一周[b]	长期
具有粒子密封外壳的堆芯熔化事故	H-3，Rb-88 Sr-89，Sr-90 Y-90，Sr-91 Y-91，Ru-103 Ru-105 Ru-106，I-121 I-123，I-132 I-134，I-135 Cs-136 Cs-138 Cs-139 Ba-139 Ba-140 La-140	H-3，Sr-89 Sr-90，Ru-103 Ru-105 Ru-106，I-131 I-133，Ba-140 La-140	H-3，Sr-89 Sr-90，Tc-99 Ru-103，Ru-106 I-129 I-131，Cs-137
核燃料后处理厂意外释放事故	Sr-90，Nb-95，Zr-95，Tc-99，Ru-103，Ru-106，I-129，I-131，Cs-134，Cs-137，Ce-141，Ce-144，Pu-238，Pu-239，Pu-240，Am-241，Pu-241，Cm-242，Pu-242，Am-243，Cm-244		
钚燃料制造厂意外释放事故	Pu-238，Pu-239，Pu-240，Am-241，Pu-241，Pu-242		

注：a）放射性核素的半衰期在 6 小时以上；

b）放射性核素的半衰期在 1 天以上。

表 5-5　重要的 16 种裂变产物特征

裂变产物种类	核素	半衰期	每兆瓦活度（太贝可/兆瓦）	辐射类型
惰性气体	Kr-85	10.8 年	7.1	β,γ
	Kr-85m	4.4 小时	350	β,γ
	Kr-88	2.8 小时	830	β,γ
	Xe-133	5.3 小时	1940	β,γ
	Xe-135	9.2 小时	410	β,γ
挥发性元素	I-131	8.02 天	940	β,γ
	I-132	2.3 小时	1400	β,γ
	I-133	20.8 小时	1900	β,γ
	I-135	6.57 小时	1800	β,γ
	Te-132	3.3 天	1400	β,γ
	Cs-134	2.1 年	140	β,γ
	Cs-137	30.1 年	70	β,γ
其他元素	Sr-90	28.1 年	52	β
	Ru-106	1.0 年	310	β
	Ba-140	12.8 天	1800	β,γ
	Ce-144	284 天	990	β,γ

四、核反应堆事故对人员的照射来源和途径

在反应堆事故中，人群受到辐射危害的严重程度决定因素主要有：反应堆中各种放射性核素的存量及其释放的份额；释放量大小和烟羽抬升程度；事故发生时的气象条件；季节；居民离反应堆的距离；建筑物类型；人口密度；该地区的农业发展特点；水源；饮食习惯和人群的营养状态以及应急响应行动的效能。

一般可将核事故全程分为早期、中期和晚期（也称恢复期）三个阶段。这种划分对于制订应急计划和采取相应的防护措施有实际意义。因为各阶段特点、主要辐射来源和照射途径不同，需采取的对策也不全相同。

（1）早期：从有严重的放射性物质释放先兆（确认有可能使厂区外公众受到照射）时起，到释放开始后的最初几小时。

（2）中期：从放射性物质开始释放后的最初几小时到 1 天或几天。一般认为，此时从核设施释放的放射性物质大部分已进入大气，且主要部分已沉积于地面。

（3）晚期：此期可能持续较长时间，由事故后的几周到几年甚至更长，这取决于释放特点和释放量。

核事故对人产生核辐射可有多种来源和途径。表 5-6 列出了核反应堆发

生事故时对人员的主要照射来源和途径。在事故的不同阶段,公众受照射的主要来源和途径也有差别。

表 5-6 核反应堆发生事故时对人员的主要照射来源和途径

途径	来源	事故阶段
外照射	核设施本身 烟羽中的放射性核素 沉积于地面的放射性核素 吸附于衣服、体表的放射性核素	早期 早期,中期(释放时间长时) 早期,中期,晚期 早期,中期
内照射	吸入烟羽中的放射性核素 吸入再悬浮的放射性核素 食入放射性核素污染的食品和水 通过皮肤及伤口的吸收	早期,中期(释放时间长时) 中期,晚期 中期,晚期 早期,中期

在事故早期,外照射主要来自气载或沉积于地面的发射 γ 射线的放射性核素的照射,但也可能包括吸附于皮肤或衣物上的发射 β 射线的放射性核素对皮肤的照射;短期内占主导地位的内照射是吸入气载放射性物质,这些核素中,短半衰期的碘 131 对于核电站事故的影响尤其大。此外,食入途径也必须加以重视,因为受沾染地区生产或消费的食品可能产生内照射。在事故中期,主要是地面沉积的放射性核素外照射以及来自食品和饮水的内照射。事故后期的主要照射途径是受污染的食品和饮水引起的内照射。

第六章 运筹帷幄——核安全防护

核事故的发生属于小概率事件，然而一旦发生，则危害严重，影响深远。因此，国际、国内对核辐射安全防护工作都高度重视，多年来建立了健全、完善、高效的核安全防护体系。

一、国际核安全防护体系

（一）放射防护的三原则

核辐射来源包括天然放射性和人工放射性两类。生活在地球上的人们经常受到这两种放射性的照射。天然放射性即本底照射，是不可避免的，而人工放射性危害则是可控的，是核辐射防护的主要对象。放射防护的目的应当是防止确定性效应的发生，将随机性效应发生的概率限制在可以接受的水平。国际放射防护委员会(ICRP)1977 年第26 号出版物中提出防护的基本原则是放射实践的正当化、放射防护的最优化和个人剂量限制体系,称为“放射防护的三原则”。

1. 放射实践的正当化

开展放射性工作,必须进行代价和利益权衡,要求任何放射实践对人群和环境的效益明显大于付出的全部代价,这样所进行的放射性工作才是适当的。

2. 放射防护的最优化

使放射性和照射量控制在可以合理达到的尽可能低的水平,避免一些不必要的照射。要求在选择放射实践防护水准时,必须在由放射实践带来的利益与所付出健康损害的代价之间权衡,以期用最小的代价获取最大的净利益。

3. 个人剂量限制

在放射实践中,不得产生过高的个体照射量,保证任何人面临的危险度不超过某一数值,即必须保证个人所受的放射性剂量不超过规定的相应限值。ICRP 规定工作人员全身均匀受照射的年剂量当量限值为 20 毫希伏,普通公众受照射的年剂量当量限值为 1 毫希伏。

(二)《核安全公约》

《核安全公约》于1994 年6 月17 日由国际原子能机构举行的外交会议通过,中国成为第十八个递交批准书的国家。本公约的目的是:

（1）加强本国防护措施以及国际合作，包括适当情况下与安全有关的技术合作，在世界范围内实现和维持高水平的核安全；

（2）在核设施内制定和实施防止潜在辐射危害的有效防御措施，保护个人、社会和环境免受来自此类设施电离辐射的有害影响；

（3）防止放射事故的发生，一旦发生事故，及时采取措施减轻危害。

（三）《核事故或辐射紧急情况援助公约》

该公约是在国际原子能机构主持下制定的一项国际公约，旨在进一步加强安全发展和利用核能方面的国际合作，建立一个有利于在发生核事故或辐射紧急情况时迅速提供援助，以尽量减少其危害的国际援助体制。该公约于1986 年 9 月 24 日在维也纳召开的国际原子能机构特别大会上与《及早通报核事故公约》同时通过。目前世界各国都实施多重防护手段，采取防止发生异常事故、防止异常事故扩大、防止放射性物质泄漏的对策，有效预防与减少核技术应用过程中产生的放射性危害。

为加强对核安全的研究，完善核安全对策，核安全委员会内设立了核事故分析专门机构。该机构的任务是研究如何从组织上保障核设施的安全，经常重新估价安全措施的可靠性，以防止重大事故发生。此外，还要制定紧急情况下的人员撤离方案，对引起事故的错误操作原因进行综合研究。

二、我国核安全与辐射防护法规体系

我国政府对放射防护安全工作高度重视，建立健全了包括国家法律、国务院行政法规、部门规章、指导性文件、参考性文件在内的放射防护法规与标准体系（图6-1）。此体系主要有4个层次：《中华人民共和国职业病防治法》（2002年5月施行）和《中华人民共和国放射性污染防治法》（2003年10月施行）；《放射性同位素与射线装置安全和防护条例》（2005年12月施行）；《放射性同位素与射线装置安全许可管理办法》（2006年3月施行）和《放射诊疗管理规定》（2006年3月施行）；《电离辐射防护与辐射源安全基本标准》（GB18871－2002，2003年4月实施）等。这些法规与标准是我国放射防护基础结构建设

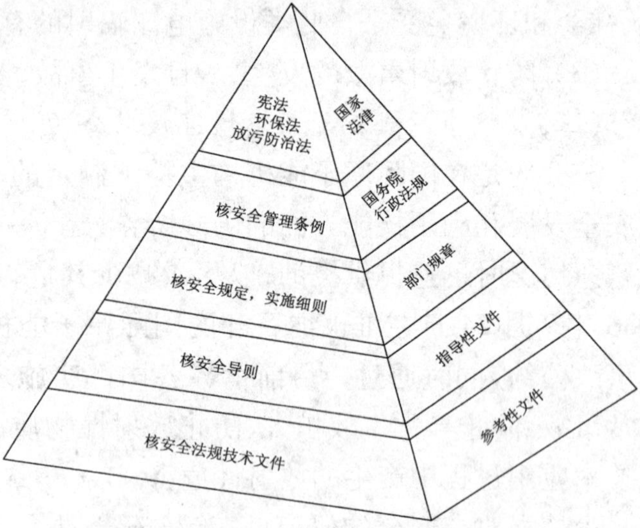

图6-1 核安全法规体系层次图

的重要组成部分，对促进核科学与电离辐射技术的发展及其在各领域的广泛应用具有重要作用。

三、核电站安全纵深防御体系

“预防为主”“安全第一”是核设施设计、建设、运营、退役“全寿命”过程中的基本理念。核电站设备和系统繁多，不可避免地会有各种各样的故障发生。保证核电站的安全从根本上讲有三个要素：控制核反应性；冷却和传递核燃料产生的能量；包容核裂变产物。在设计中必须对各种可预见和不可预见的事件作出分析，并作出环境影响评价。核电厂必须有确定可靠的反应堆保护系统与专设安全设施，以尽量减轻由于设备、系统失效、操作失误以及像地震、飞机坠落、洪水、龙卷风等自然灾害可能造成的危害。

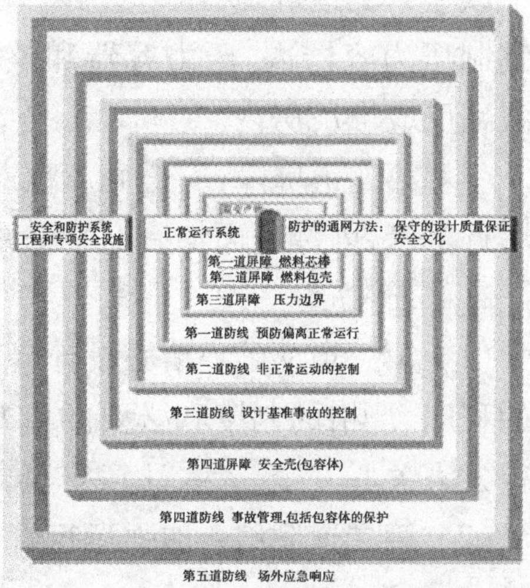

图 6-2 核电站安全纵深防御体系

核电站的设计、建造和运行，采用了纵深防御的原则，从设备和措施上提供多层次的重叠保护，确保反应堆的功率能得到有效的控制，燃料组件能得到充分冷却，放射性物质能有效地包容起来不发生泄漏。“四道屏障”“五道防线”构成了核电站安全纵深防御体系(图6-2)。

1．四道屏障

（1）第一道屏障：燃料芯棒。核裂变产生的放射性物质98%以上滞留在二氧化铀陶瓷芯棒中，不会释放出来。

（2）第二道屏障：燃料包壳。燃料芯棒密封在锆合金内，防止放射性物质进入一回路水中。

（3）第三道屏障：压力边界。由核燃料构成的堆芯，封闭在壁厚20厘米的钢制压力容器内，压力容器和整个一回路都是耐高压的，放射性物质不会泄漏到反应堆厂房内。

（4）第四道屏障：安全壳。反应堆厂房是一个高大的钢筋混凝土构筑物，壁厚近1米，内部表面加有厚9毫米的钢衬，防止放射性物质进入环境。

2．五道防线

（1）第一道防线：精心设计，精心施工，确保核电站的设备精良。建立周密的程序、严格的制度和必要的监督，加强对核电站工作人员的教育和培养，使得人人关心安全，人人注意安全，防止发生故障。

（2）第二道防线：加强运行管理和监督，及时正确处理不正常情况，排除故障。

（3）第三道防线：必要时启动由设计提供的安全系统和保护系统，防止设备故障和人为差错酿成事故。

(4) 第四道防线 : 启用核电站安全系统,加强事故中的电站管理,防止事故扩大,保护安全壳厂房。

(5) 第五道防线: 万一发生极不可能发生的事故,并且有放射性外泄,启用厂内外应急响应计划,努力减少事故对居民的影响。

“四道屏障”“五道防线”互相依赖、相互支持,以确保核电站的安全。

四、我国核应急救援网

《国家核应急工作“十一五”规划纲要》明确提出,在未来五年内,我国将通过加强核应急技术支持中心建设和建立核应急救援分队等两大方面的工作,逐步形成覆盖全国的核应急救援网(图6-3)。

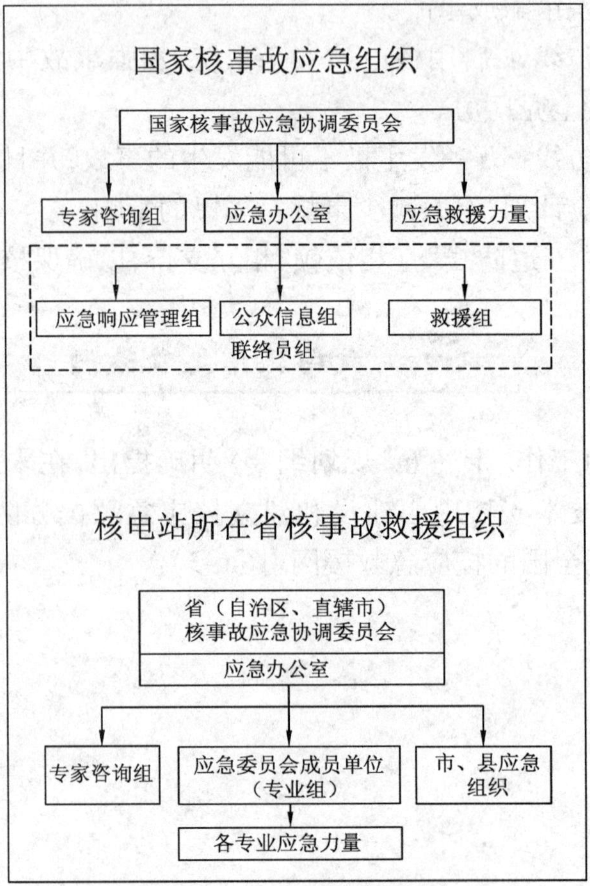
国家核事故应急组织
国家核事故应急协调委员会
专家咨询组
应急办公室
应急救援力量
应急响应管理组
公众信息组
救援组
联络员组
核电站所在省核事故救援组织
省（自治区、直辖市）
核事故应急协调委员会
应急办公室
专家咨询组
应急委员会成员单位
（专业组）
市、县应急
组织
各专业应急力量

图 6-3　核应急救援网

核应急技术支持中心将依托有关科研院所、高校、军队力量和大型核企业等组建，包括国家核应急监测技术研究中心、国家核应急辐射防护中心、国家核应急决策支持中心、国家核应急技术管理中心，以及重点包括卫生部核事故医学应急中心、国家环保总局核与辐射应急技术中心和辐射环境监测技术中心、中国气象局核应急气象技术支持中心、军队系统核应急技术中心等其他核应急技术支持中心。

建立核应急救援分队方面，我国将根据国情并参照国际经验，依托大型核企业和有关科研院所、高校和军队力量等建立若干专业能力强、机动灵活的核应急专业救援分队，为核设施事故现场、放射性物质运输事故应急响应和地点不定的核恐怖袭击事件的后果处置等提供应急救援，专业救援包括应急辐射监测、航空辐射监测、医疗救治和洗消去污等分队。

我国构建全国核应急救援网的同时，为适应核与辐射应急工作面临的新挑战和新要求，还将把国内外先进科技应用于核应急准备与响应，组织开展设施威胁评价技术研究、应急辐射监测技术研究、核事故医学救治技术研究、快速去污与环境整治技术研究、辐射防护技术与装备研究、公众防护技术研究、放射性物质释放影响范围预报技术研究等多项核应急关键技术攻关。

第七章 严阵以待——核事故医学应急处置

核能和核技术应用存在着较大的潜在危险性，核设施一旦被破坏或出现事故，可能对人类造成重大灾难。核事故应急医学救援工作的主要任务，是确保放射性污染区公众和救援人员免受损伤，并将损害降低到最低限度。

一、核事故应急救援体系建设

（一）核事故应急响应准备

核事故应急救援也称“核事故应急响应”，是为控制或减轻核事故或辐射事故的后果而采取的紧急行动。为准备与实施核事故应急救援，按照《中华人民共和国放射性污染防治法》《核事故医学应急管理规定》《放射事故管理规定》等法律法规，贯彻执行“常备不懈、积极兼容、统一指挥、大力协同、保护公众、保护环境”的国家核应急工作方针，按级分工，在国家核事故应急领导小组的统一领导下，开展放射事故的应急救援工作。通常一旦出现核事故或辐射事故时，立即按预先编制的执行程序启动和实施应急计划。

核设施营运单位和核电厂所在地的省（市、县）级人民政府及其邻近地区有关政府必须建立相应的应急组织，进行应急准备。军队在国家的统一计划组织下担负核事故应急救援的多种支援任务。参加核事故应急救援的政府有关部门和军队有关军兵种分别担负相应任务。军内的核武器和其他有关核设施、核活动的安全与应急工作由军队负责全面的管理。

应急响应可以分为场内和场外两类。

（1）场内应急响应。主要由核设施营运单位实施，主要包括：维护和控制用于应急的人力和物力资源；防止事件的升级，稳定事态的发展，使核设施恢复到停运状态；对核设施已经出现的、当前的和估计未来的物理状况及外部条件进行评价；提出场外防护行动建议等。

（2）场外应急响应。主要由地方政府中负责响应的机构实施，主要包括：维护和控制用于应急的人力和物力资源；进行场外应急辐射监测，评估事故对公众和环境造成的影响；根据场内的建议和事故的影响，作出对公众采取防护行动的决策并加以实施：对公众采取适当的防护行动，包括撤离、隐蔽、发放及服用稳定碘、呼吸道和体表防护、道路控制、人员去污、区域去污、食品和饮水的控制、剂量控制、医学救护等。

应急响应的程度，例如要启动的应急组织的数量、是否要求场外的响应、应急响应的范围等，将根据应急的性质、应急响应的可行性来决定。通常在核电厂的“应急待命”和“厂房应急”状态下，只需要有场内的应急响应；在“场区应急”下需要场外的部分响应（如环境应急辐射监测）；在“场外应急”状态下，实施场内、场外的应急计划。各应急状态下的应急响应程度，一般在应急计划中有明确的规定。在核电厂发生严重事故和可能造成超越国界影响的情况下，应急响应还可能涉及某些相关的国际机构（如国际原子能机构，世界气象组织，世界卫生组织等）的参与和这些机构向事故国、受影响国提供支援，涉及核电厂所在地区周边国家的响应。事故国应遵守国际《及早通报核事故公约》，将该事故及其性质、发生时间等信息通知实际受影响或可能会受影响的国家，减少事故对境外的辐射影响。

（二）应急计划区划分

应急计划区是指必须制订计划并做好应急准备的区域。我国把核电厂应急计划区划分为烟羽应急计划区和食入应急计划区。

1. 烟羽应急计划区

烟羽应急计划区，是针对烟羽照射途径来说的。所谓烟羽照射途径，包括3种主要照射来源:来自烟羽的直接外照射,吸入烟羽中放射性核素造成的内照射,烟羽放射性沉降到地面引起的早期地面外照射。核电厂的烟羽应急计划区是以核岛为中心,半径为若干千米范围的圆形面积。在该域内,保护公众的主要措施为撤离、隐蔽和服用碘片,并做好撤离计划和准备。

2. 食入应急计划区

食入应急计划区包括烟羽应急计划区,是针对可能摄入被放射性核素污染的食物和水而产生的内照射。该范围内保护公众的主要措施为控制食物和饮用水。例如秦山核电厂食入应急计划区是以核岛为中心,半径30千米范围的圆形面积区。

应急计划区并不是说核电厂发生事故时就按划分的区域应急,划这个区只是要做好准备,其目的在于:在应急干预的情况下便于迅速组织有效的应急响应行动,最大限度地降低事故对环境和公众可能产生的影响。在多数情况下,需要采取应急响应行动的区域可能只限于相应的应急计划区的一部分,但在发生非常严重的核事故的特殊情况下,也可能需要在相应应急计划区之外的部分地区采取防护措施。

实际发生事故时,要根据事故的大小和气象条件进行预测,进行实地的辐射水平测量,以此确定在什么地方采取什么样的应急防护措施。这完全取决于当时的实际情况,并由省核事故应急委员会主任根据监测数据、评估意见和专家的建议来决定。

二、核事故应急救援人员自我防护

医学救援人员的辐射防护,一般应从两个方面来考虑:一是对救援人员外照射损伤的防护;二是防止放射性物质吸入或污染皮肤,造成内照射或皮肤损伤。

外照射损伤的防护,除现有防护装具有有限防护作用以外,目前没有更好的防护措施。人员不可能穿着厚重的、高原子能系数防护材料的防护服,只能通过一些防护仪表对事故发现场地的辐射水平进行监测,了解外照射的辐射水平,及时采取适当的措施,避开高辐射区或尽量缩短停留的时间,从而保证医学救援人员的受照剂量在尽可能低的水平。为防止吸入和减少放射性污染,可采取密封式防护服、呼吸器、手套等防护设备。主要防护步骤如下:

1. 遵守一般防护要求(应急人员一般防护要求)

(1) 进入现场前必须按要求穿戴个人防护用具;

(2) 佩带个人剂量计(报警式或直读式个人剂量计);

(3) 按照上级指示服用稳定性碘片;

(4) 牢记进入现场的危险并注意防范,有疑问及时向同事、上级咨询;

(5) 通过缓冲区进入污染区;

(6) 全部活动都应在照射尽可能合理低的原则下进行;

(7) 知晓应急人员能否进入的辐射剂量的标准:不要在辐射剂量率超过1毫希伏/小时的地方逗留;进入辐射剂量率超过10毫希伏/小时的地方要慎重;未经许可不得进入辐射剂量率超过100毫希伏/小时的地方;

(8) 主要采取时间、距离、屏蔽手段防护自己;

(9) 进入辐射高剂量率地区前应该与上级一起制订方案;

(10) 不要在污染区内吃喝、吸烟;离开污染区,接受体表衣物的污染监测;处理核沾染的工作人员,应做好监测、洗消、换洗衣物等准备。

2. 甲状腺防护

按照上级指示服用稳定性碘片100毫克/片,如果污染持续数天,应服用第二片。服用的时机是在放射性碘进入体内开始前4小时,在放射性碘进入体内后8小时服用不但无效而且可能产生不良反应。

3. 执行应急响应人员返回导则(表7-1)

表7-1 应急响应人员返回导则(安全限值)

任务	返回剂量导则预置值(毫希伏)
Ⅰ类:抢救生命行动	250
Ⅱ类:防止严重损伤,避免大的集体剂量,场外周围辐射剂量率监测	<50
Ⅲ类:短期恢复活动,执行紧急防护行动,环境采样	<25
Ⅳ类:长期恢复活动,与事故无直接联系的工作	职业照射导则

4. 事故早期阶段结束

应急人员在做其他放射工作之前，应确认其早期阶段所受剂量。

三、核事故应急救援医学处置

（一）分级救治任务划分

按照分级救治的原则进行医学应急救援。目前按照三级救治施行。

一级救治即“现场救治”，主要任务是发现和救出伤员，并进行初步的医学处理，由核设施运营单位的卫生机构完成。主要任务是发现和救出伤员，对伤员进行现场紧急分类诊断，抢救需紧急处理的伤员。现场抢救原则是：迅速有效，边发现边抢救，先重后轻，对危重伤员先抢救后除污染，保护抢救者与被抢救者。

二级救治又称为“当地救治”，由核设施所在省市确定的医疗单位实施，必要时由三级医疗救治单位派人协助。主要任务是对中度和中度以下的放射损伤、有明显体表和体内污染的人员进行确诊和治疗，对重度以及重度以上伤员进行后送。

三级救治又称为“专科医治”，主要任务是对重度以及重度以上急性放射病、放射复合伤和有严重的放射性核素体内沾染的人员进行专科治疗。

(二) 救援机构与展开

1. 救援机构基本组成

救援机构基本组成包括指挥调度系统、专业技术执行操作系统和后勤安全保障保卫系统(图 7-1)。

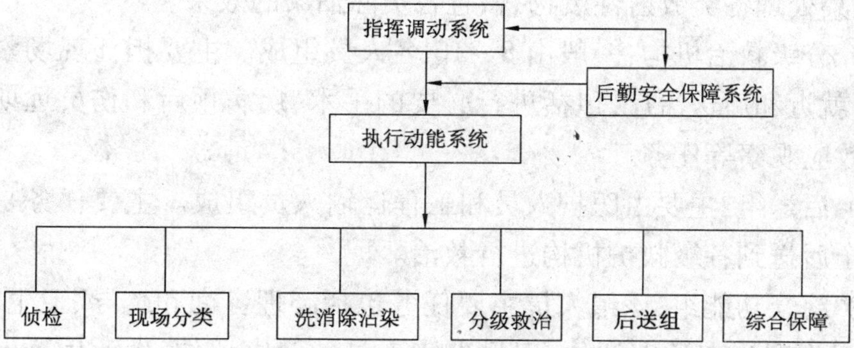

图 7-1 卫勤保障机构组成模式图

执行各项保障任务各功能组的人员、任务如下:

(1) 侦检组:通常需要 2 ~ 4 人。其主要任务是负责卫勤保障所在地环境、人员物资装备和样品(样本)的放射性沾染检查。通过侦检确定沾染核素和射线的种类,沾染涉及的范围、程度和沾染量,标识沾染的程度、区域或地界。

(2) 分类组:通常需要 3 ~ 5 人。其主要任务是根据伤员是否存在放射性内、外沾染,是否存在内外沾染放射损伤,是否存在放射性复合伤或非放射性复合伤，对伤员的伤类、伤情做出快速分类判断，并对治疗和处理提出建议和意见。

(3) 洗消组：一般由4～8名人员组成。主要任务是按要求、标准和时间清除环境、人员(包括工作人员)和伤员体内外，以及物资装备的各类放射性沾染，收集处理各类放射性废物，核查各类除沾染的效果。

(4) 分级救治机构：一般由8～10名人员组成。主要担任现场紧急救助和治疗、就近和后送治疗，包括进行必要的手术、疾病预后和伤员远期健康评价和后效应观察等任务。

(5) 后送组：主要由医护人员和工程运输人员组成。主要任务是及时将伤员安全后送到各级救护机构进行救治。

(6) 综合功能组：该组人员主要任务包括心理咨询和疏导、卫生防疫、环境放射卫生和生态危害评估、卫勤保障人员的健康评估、生活后勤保障和安全保卫等方面的专业工作。

2. 救援机构的展开

一级救治的展开包括根据事发地的气候(风向)和水源(靠近水源)条件按各功能组的功能和伤员救治流程进行展开，如图7-2。

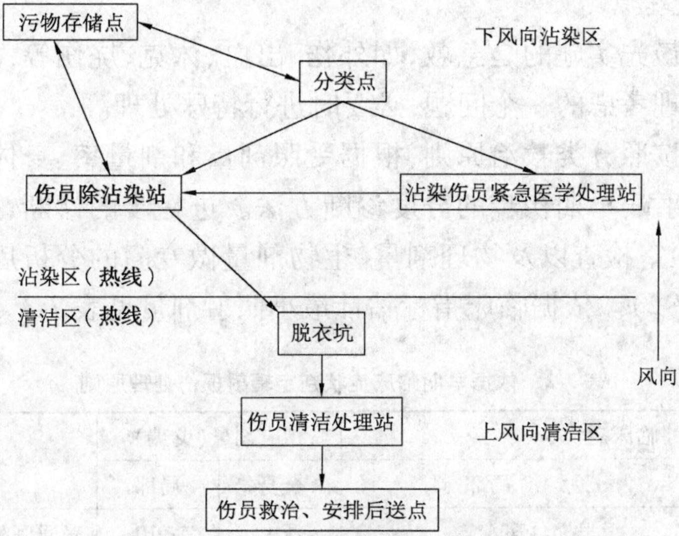

图 7-2 一级现场救治展开线路

其他机构相继设置在与清洁伤员救治和后送站平行或上风方向的位置。

（二）损伤人员分类及其医学处理原则

1. 损伤人员分类

伤员分类的主要任务之一就是确定所需的医学应急救治水平。伤员分类广泛地用于各类灾害事件，有利于提高救治机构的救治效率，最大限度减少误诊误治。早期临床症状是进行受照人员初期分类和实施救治的重要依据。

2. 医学处理原则

应急医学最先实施的是急救，如外伤、出血、休克、烧伤等，放射性污染也是早期应急处理考虑的一个问题，必要时进行特殊处理。

医学处理按照分类救治原则，根据受照剂量和剂量率、身体受照范围等，采用对急性放射病早期初步的分度诊断方法。进一步的诊断，应在医院根据临床表现、实验室检查以及物理剂量、生物剂量做专门的分析后，进行综合判断和处理（表 7-2）。依据临床指标估计最小照射剂量见表 7-3。

表 7-2　依据早期临床症状判定辐射损伤处理原则

临床症状		相应剂量（戈瑞）		处理原则
全身	局部	全身	局部	
无呕吐	无早期红斑	<1	<10	普通医院门诊留观
呕吐（照后 2～3 小时）	早期红斑（照后 12～24 小时）或感觉异常	1～2	8～15	普通医院住院治疗
呕吐（照后 1～2 小时）	早期红斑（照后 8～15 小时）或感觉异常	2～4	15～30	专科医院住院治疗或转送放射性疾病治疗中心
呕吐（照后 1 小时）或其他严重症状，如低血压、颜面充血、腮腺肿大	早期红斑（照后 3～6 小时）或更早，皮肤粘膜早期红斑伴有水肿	>6	>30	专科医院住院治疗或转送放射性疾病治疗中心

表 7-3 依据临床指标估计最小照射剂量

方法	指标	发生时间	最小照射剂量(戈瑞)
临床观察	恶心、呕吐	48 小时内	1
	3	红斑	数小时到数天
	3	脱毛	2~3 周内
实验室检查			
血细胞计数	淋巴细胞绝对数小于 1×10^9/升	24~72 小时内	0.5
染色体		数小时内取血样	0.2

(三) 放射性污染处置

1. 放射性核素污染的现场控制

发生污染性事故时,首先应控制污染,保护好现场,阻断一切可能使污染扩散的途径,而后按程序去污。现场应急响应人员推荐的去污程序见表 7-4。

表 7-4 现场应急响应人员推荐的去污程序

(1)	现场应急人员应戴手套,穿防护服,佩带个人剂量计
(2)	病情不稳定的病人应尽快送医院。为避免干扰对病人的急救,放射性检测、去污等措施可在救护车上进行
(3)	如果病情稳定且现场条件允许,将病人移至辐射水平低的地方,以免受到更多辐射。脱去病人外衣,用棉被或毛毯裹住

续表

(4)	对病人在事故中造成的损伤进行治疗,若必要,对放射病进行对症治疗。对开放性伤口,敷上干净的敷料
(5)	不要让还未做放射性检测的病情稳定的病人上救护车。如确定污染,应先进行去污
(6)	对病情稳定的病人,去污时使用温水,洗去放射性污染。去污应从污染最重的部位开始,过程要柔和。到医疗单位后再进行全面的去污。作好记录,保存好所有物品,放射性污染物不得随意丢弃
(7)	将病人转送医疗单位进一步治疗,事先联系以便医疗单位制定相应的医护方案
(8)	现场响应人员在履行职责时应时刻牢记防护的基本原则——时间:减少受照时间;距离:增加与辐射源的距离;屏蔽:在人员与放射源之间使用屏蔽

2. 体表污染处理原则(表 7-5)

表 7-5　放射性体表污染的处理原则

材料	温肥皂水或普通洗涤剂,软毛刷、海绵、塑料布、胶布、毛巾、床单、碘片或碘溶液
先后顺序	脱去所有衣服放在塑料袋里。先处理外伤、出血、骨折、休克等急症。确定污染范围,标记清楚,伤口有污染时,先从伤口开始,逐渐向污染最严重的部位推进
伤口	用标准的含盐溶液反复冲洗,必要时可考虑外科清创术。对五官部位用等渗盐水轻轻冲洗
局部污染	用塑料布将非污染区盖好,并用胶布把边缘粘牢。浸湿污染部位,用肥皂水轻轻擦洗,并彻底冲洗,重复数次,监测放射性变化。避免过分用力擦洗。使用稳定同位素溶液可增加去污效果
大面积污染	无严重损伤的病人采用淋浴。严重损伤的病人可在担架或手术台上洗浴。反复进行浸湿—擦洗—冲洗,并观察去污效果
预防措施	仍有污染的部位用塑料布包好,并用胶布把边缘粘牢。手部可用手套套好
去污要求	α 射线小于 1000 衰变数/分;β 射线小于 10 微希伏/小时;γ 射线降至本底的 2 倍

3. 体内污染处理原则(表7-6)

内污染常常难于清除且在体内存留很长时间,因此应尽量避免或减少病人和工作人员受到内污染。

表7-6 放射性内污染的处理原则

(1)	尽快离开污染现场
(2)	及时正确的医学处理是对内照射损伤的有效预防。包括尽快清除初始部位的污染;阻止人体放射性核素的吸收;加速放射性核素的排出,减少在组织器官的沉积
(3)	加速放射性核素的排出治疗应权衡利弊,既要减小核素的吸收和沉积,又要防止促排措施带来的毒副作用
(4)	一般而言,估计放射性核素摄入量小于1个年摄入量限值(ALI)时,不考虑促排;摄入量超过两个年摄入量限值时,认真估算摄入量和剂量,采取加速排出的治疗措施,并进行登记,以便追踪观察;超过20个年摄入量限值属于严重内照射,应进行长期、严密的医学观察和积极治疗,注意远期效应

四、核电站事故中公众个人防护

通常人体无法直接感知核辐射的存在。一旦出现核电站核泄漏事故,最重要的是要保持镇定,要尽量获取来源可靠的事件信息,及时了解政府部门的决定、通告。为此,应通过各种手段(电视、广播、电话等)保持与当地政府的信息沟通,切记不可轻信谣言或小道信息。放射性物质对人体伤害的规律是距离越远伤害越少,时间越短伤害越少,屏障(各种阻挡材料)越多伤害越少。按照当地政府的通知,迅速采取必要的自我防护措施。防护的基本原则是远离放射性物质污染的区域,尽量减少与放射性物质接触的时间,迅速进入有防护作用的避难所。核泄漏发生时防护行动包括:

1. 对沾染区人员采取防护措施

(1) 隐蔽:在2天内可防止的剂量为10毫希伏。

(2) 服用稳定性碘:阻止或减少甲状腺对放射性碘的吸收。

(3) 撤离:在不长于一周内可防止的剂量为50毫希伏。可避免或减少来自各种途径的照射,缺点在于容易导致混乱局面,需要决策者充分衡量利弊、做好周密妥善的安排。

(4) 搬迁:搬迁的目的在于为了避免来自地面的放射性物质的照射,尤其是可避免人们受已沉积的放射性物质长时间照射。

(5) 设置隔离区:有利于防止放射性物质从污染区向外扩散,避免进入污染区受到照射,同时减少交通事故等。

(6) 对食品与水进行放射性检测:必要时使用储存的粮食与饲料。环境受到放射性物质污染时,放射性核素可直接或间接转移到食品或水源。受污染的食品或水源必须经过一定的方法进行去污染,才能达到可食用水平。在此之前,可动用储备的粮食或饲料供食用。

(7) 人员除污染:对已经受到污染的人员进行除污染。采用淋浴、更换衣物等方法，防止放射性污染扩散到未污染地区。

（8）区域除污染：主要针对受污染的建筑物、地面、设备、道路、土地等。采用水冲洗、覆盖、铲除地表土层等方法。

2．对受照人员的医学处理

（1）对受到很小剂量照射的人员，主要做好解释工作，消除顾虑，必要时进行医学观察。

（2）超过剂量当量限值的照射，根据剂量大小和不同类型照射导致的损伤，需要在不同水平的医疗单位分级处理。

（3）对受照射人员及其后代进行长期医学观察。

3．其他救援措施

其他措施主要包括灭火、通信联络、报警、安全警卫、成立临时收容中心等。

第八章 去伪存真——个人防护宝典

网络上盛传福岛核泄漏事态严重,那么中国会受到核辐射吗?现在应该采取什么措施防止核辐射呢?

当前,我们生活在信息时代,网络上容易出现人云亦云、真假难辨的现象,如何才能修炼一双识别防辐射的"火眼金睛"呢?

谈到核辐射防护,必须首先回答:核辐射存在吗?是哪一种核辐射?是通过体外、体内还是体表作用于人体?核辐射强度(危害程度)如何?

一、把握"核心"

防辐射的核心是核辐射是否存在。核辐射是否存在,到底谁说了算?

核辐射包括α、β、γ(X)射线及中子,人类的感觉器官还无法感知它的存在，在这点上没有“聪明人”。无论是否存在核辐射，核辐射的种类、强度、防护效果如何等这一系列问题，一贯都是检测设备说了算。国家环保部、进出口检验检疫部门都有建设完善的核辐射监督监测体系，肩负着国家核辐射环境安全监管职能，他们发布的信息具有权威性。对于没有核辐射检测、监测设备和权限的个人，其言论不足采信，尤其是网上的小道消息，需慎重对待，一不小心，可能会落入无良商家的圈套。

二、“内外”有别

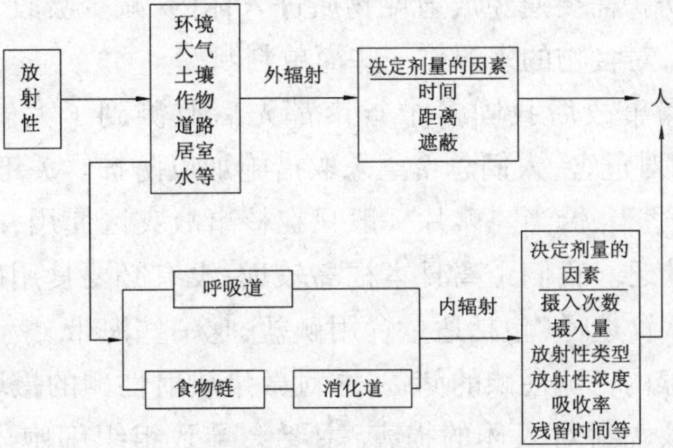

图 8-1　放射线作用于人体的途径

核辐射分为外照射和内照射,防护方法上各有不同(图 8-1)。

"时间""距离""屏蔽"是外照射防护的"三大法宝",也是我们防辐射的"核心"。

时间防护——接触时间越短越好。

距离防护——距离越远越好(核辐射强度与距离的平方成反比)。

屏蔽防护——厚实的墙壁、土层防外照射效果更好,密闭的房间、严实的外套对于防落下灰最好。

内照射的前提是核物质进入体内,通常物质只有通过皮肤伤口吸收、呼吸道吸入、消化道食入几个途径才会进入人体。外照射防护我们有"三大法宝",而内照射防护需要避免放射性物质进入体内,减少吸收,处理好伤口,保护好口鼻,同时,对食物的来源作一些简单判断。

福岛核泄漏事故后我国多个省市都先后监测到了大气中存在微量碘131、铯 137。面对危害,人们总希望采取措施加以防护。关键问题是,采取的方式、方法必须适当、恰当。碘片一般只在核事故灾区使用,碘盐的初衷是防止食物中碘的缺乏。我们距离日本福岛较远,没有必要食用碘片。最好的防护方式是通过饮食途径(包括适量食用碘盐,吃一些海带、紫菜等含碘高的食物),增加甲状腺内稳定性碘的储备,这对微量放射性碘的摄取会有一定的竞争抑制作用。核辐射对人体的损害,主要会导致组织细胞内产生大量自由基。清除自由基是核辐射防护剂研发的一个方向。食用一些抗氧化作用的普通食品、营养品可起一定保护作用，但如果价格高得出奇，则完全可以通过食用新鲜食材达到同样的防护功效。比如，番茄酱含红番素，有一定抗氧化作用，如果价格过高，完全可以选择食用新鲜西红柿，而不是非要吃红番素胶囊不可。

此外，许多人对于现在是否还能吃海产品存在疑问。近期看来碘 131 不会对海产品造成污染，因为它的半衰期只有 8.3 天。铯 137、锶 90 甚至钚 239、铀 238 等，对现在食物链的危害也极其有限。但如果放射性核素通过生物链，在某些生物体内富集，污染了人类的食物链，则可能会对人们生活造成影响。20 世纪 50 年代日本发生震惊世界的水俣病，就是由于大量含汞的工业废水排入江内，生活在污染水体内的鱼类通过生物富集作用，导致鱼类体内甲基汞含量远远高于水体，沿江渔民长期食用被汞污染的鱼类，引起甲基汞中毒。因此，现在我国对受污染海域的海产品进口已提出相应的管制措施，以确保食品安全。

三、“先来后到”

核电站核辐射沾染的最大特点之一，就是不同阶段释放的放射性物质不同。福岛核电站泄漏事故的早期，我们需要防碘 131、铯 137，转入事故中、后期，可能要关注锶 90、钚 239 等长半衰期的核裂变产物。事故不同阶段，受照途径及防护措施也不同(表 8-1)。

表 8-1 事故不同阶段、受照途径及防护措施

事故阶段	受照途径	防护措施
早期	来自核设施的外照射	隐蔽,撤离,控制通路
早期	来自烟羽的外照射	隐蔽,撤离,控制通路
早期,中期	吸入烟羽中放射性物质	隐蔽,服稳定碘,撤离,控制通路
早期,中期,晚期	皮肤和衣服受污染	隐蔽,撤离,人员去污
早期,中期,晚期	来自地面沉积物的外照射	撤离,地面和建筑物去污
早期,中期,晚期	吸入再悬浮的放射性物质	撤离,地面和建筑物去污
中期,晚期	食入受污染的食物和水	控制食物和水

前阶段,有网传“钚是世界上毒性第二大的物质,一片药片大小的钚,足以毒死两亿人,5 克的钚足以毒死所有人类。钚的毒性比砒霜大 4.86 亿倍,比马钱子碱大约厉害 3.2 亿倍”。

事实上钚确实是一种危险的放射性物质,但把它排在第二位肯定有失偏颇。钚对人的致死剂量为 5 毫克/千克体重左右,需要上百毫克才可能致死。究其化学毒性,常见的氰化物、毒鼠强、砷的毒性都比钚强。对于钚这样的放射性元素,毒性通常指的是放射性对生物组织的破坏。钚的放射性主要来自 α 粒子,不过这种辐射连一张纸或者几厘米的空气都无法穿透,一般来说也不会透过人的衣服和皮肤。唯一值得担心的是发生高温、爆炸时,形成钚的气溶胶,通过呼吸吸入人体造成伤害。科学家研究发现,钚的主要危害是使肺癌、骨肿瘤的发生概率显著增加。钚在人体内主要分布在骨骼和网状内皮系统,

EDTA、DTPA、CAM 等螯合剂能够有效将其清除出体外。令人担忧的是，钚 239 半衰期为 24 100 年，一旦进入环境，危害较为深远。但是，钚要“走”到我们的身边，其迁移过程也会是十分漫长的。据以往研究表明，一般需要数十年。

四、辐射防护有“绝招”

中国自古以来就有“三人成虎”“曾子杀人”的典故。目前，福岛核事故尚难定论，我们有几十年时间去学习、改进。

1986 年切尔诺贝利核事故后，国际上普遍关注核电安全文化建设。任何安全设施都要靠人去使用，任何安全制度都要依靠人去落实，任何外界的监督监管都比不上自身对安全的本能需求。过去的核安全文化强调核工业、企业的核安全文化建设，强调放射工作人员等从业者核文化素养的提高。但多年的监管经验告诉我们，普通公众的核安全文化素养的提升，对核辐射环境安全建设更能发挥积极的作用。现在建设项目环境评价公众参与制度，就显示出其无比的优越性。涉及环境危害项目的审批时，在环境安全问题上，政府不再只作为某些公司、某个企业的代言人，普通公众，尤其是有专业背景知识的人士，往往成为维护自身权益、保护公众利益的“斗士”。

“知识就是力量”，核辐射防护的绝招就是掌握核防护基础知识，对“人云亦云”应该说“NO”！

五、辐射伤害早知道

核辐射损伤情况复杂，临床症状多样，如果没有明确受照病史，不要说普通公众不能及时发现，有时候不常接触这类损害的临床医生也会误诊、漏诊。因此，对于辐射伤害最好做到早知道早治疗。

具体来说，只要重点把握几个要点，一个简单的诊断策略就能够帮助您及时排除疑惑。

（1）受照剂量决定病情。小剂量照射或者中等剂量照射后的早期，临床症状不显著（也称为非特异性临床表现），包括恶心、乏力、食欲不振、兴奋、失眠等（表8-2），严重的出现呕吐、脱发、口腔溃疡、皮肤红斑、皮下出血等。如对症状有怀疑，应及时到医院就诊。

表8-2　人体受小剂量γ线照射后早期临床症状

剂量（戈瑞）	临床症状	血液学变化
>0.1	无明显变化	无明显变化
0.1～0.25	无明显变化	淋巴细胞略下降
0.25～0.50	2%有轻度症状，如乏力、食欲下降、睡眠障碍	淋巴细胞、白细胞下降25%，较快恢复
0.5～1.0	5%出现轻症状，如头痛、乏力、失眠、口渴	淋巴细胞、白细胞、血小板下降50%，半年恢复

(2) 血液系统损害是疾病发展变化的中心环节，尤其是淋巴细胞、白细胞、血小板减少与病情轻重相关。及时进行血液检查是确诊与判断病情的主要方法。此外，还有淋巴细胞微核、染色体畸变分析等方法。

(3) 典型病人病情过程表现为明显分期，包括早期反应期、假愈期、临床症状典型期和恢复期一系列过程。其中处在假愈期的患者，自身可能完全没有不适感觉，但不代表病情好转，必须抓紧时间诊治，以免延误治疗。

(4) 最终确诊需要照射剂量重建，有明显受照历史的人员，要注意保留身上佩戴的珠宝首饰等物品，对诊断病情有帮助。

(5) 发现面部红肿、结膜充血等情况时，不要随便使用地塞米松等会导致淋巴细胞减少的药物，淋巴细胞数量的观察对早期判断病情变化十分重要(图8-2)。

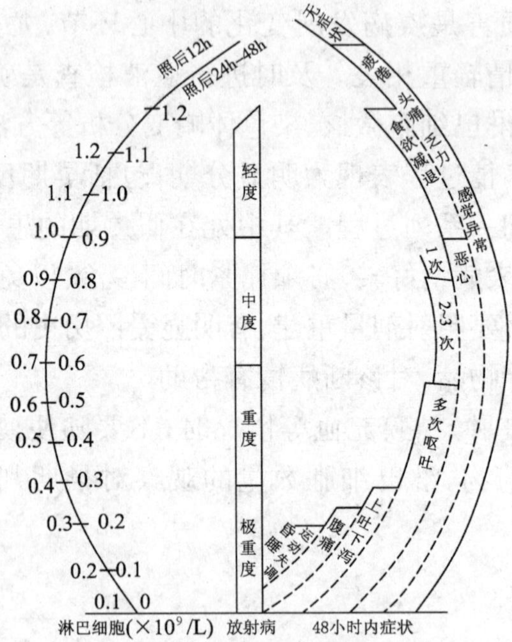

图 8-2　早期分类诊断图

六、遭遇核事故怎么办

核电厂发生放射性物质外泄事故时，可能有一些放射性物质会出现在空气中，弥漫于核电厂附近。这些放射性微尘和气体被吸入体内或落在人们身上可能会造成一定的危害。核电厂周围的居民在听到事故警报后应该：

（1）保持与外界的密切联系。事故可能会导致通信障碍、交通受阻、食品短缺等暂时混乱，要保持镇静。及时与家人、朋友取得联系。打开有线广播、收音机、电视机（调到本地台），尽早了解事故情况和当地政府的通告。

（2）选择最好的隐蔽地点，尽快进入室内。在室外停留的时间越长，吸入和落到身上的放射性物质越多。关闭空调、换气扇、锅炉和其他进风口。如果在车上，保持车窗和通风口封闭，并采用车内循环空气。

（3）做好食品、饮用水等基本生活物资储备。将食品放在密闭容器内或冰箱里，事先没有封闭的食物应当先清洗再放入容器。不要饮用海水淡化水。

（4）“严防死守”五官。必须外出时，用湿的口罩、毛巾等掩住口鼻，穿戴雨衣、长袖衣服，严实保护头面及其全身皮肤，尽量减少裸露部位。这样可以挡住大部分可能进入体内的放射性微尘。避免淋雨，大风、沙尘天气尽量不要出门。

（5）彻底洗澡，更换衣服。外出回家后，尽快更换衣服和鞋子，将暴露过的衣物放在塑料袋中密封，并放置在偏僻地方。彻底洗澡，更换干净衣物。

（6）严格按照当地政府部门的通告要求进行服碘防护。预防药物服用的时间和剂量，一定要遵照说明。碘片服用后个别会出现过敏等不良反应，需及时处置。

（7）做好撤离前的准备。收拾好行装和最低数量的生活用品，等待当地政府部门的通知。

(8) 遵守当地政府对饮水、食品提出的一些限制。不要饮用露天水源中的水,不要吃当地菜园里生长的蔬菜等。

(9) 撤离是高一级的防护措施。如政府通知撤离,根据当地政府工作人员的要求,到规定的集合地待命,然后有秩序、有组织地撤到指定地点。

七、谣言“粉碎机”

1.“白酒啤酒”说

许多专家在谈到福岛核电站不会爆炸或者不会发生核爆炸时,往往把核武器所用核材料与核电站核燃料比作一个是“白酒”,一个是“啤酒”,核电站使用的铀235浓度过低,所以不可能发生核爆炸。其实,爆炸的产生源于巨大能量在瞬间的释放,核爆炸也不例外。核材料发生核反应的一个基本特性是具有临界质量、临界体积,如果核电站堆芯融化严重,几十吨核燃料失去相互间的阻隔,达到临界状态,就可能引发灾难。现在部分核电站核燃料循环过程中,铀、钚的浓度会逐步增加,风险也会加大。当年切尔诺贝利核电站发生的是核爆炸,用的可不是“白酒”。当然,新技术、新安全措施的应用对防止核电站各类事故的发生都起到了积极的预防作用。

2. 核爆炸≠核泄漏≠核污染

核电站只要运行,就有核物质、核反应存在,任何让核物质离开安全屏蔽范围的因素,都可能引发核泄漏,进而有可能造成核污染。恐怖分子使用炸药+核材料,制造“脏弹”,福岛核电站3号机组发生氢气爆炸,甚至核电站核燃料组件安装过程中的意外,都会导致核泄漏,只是影响范围、危害程度不同而已。当然,当年切尔诺贝利核电站的核爆炸与核武器的核爆炸完全不在一个等级上,不可同日而语。

3. 安全壳≠万无一失

核电站反应堆发生事故时会大量释放放射性物质,安全壳作为最后一道核安全屏障,能防止放射性物质扩散污染周围环境。安全壳的材料是混凝土,有0.9米厚;在混凝土安全壳里,有一层9毫米厚的钢衬。这样的设计,就可以使安全壳足以抵挡外来物体的撞击。为了使混凝土安全壳更加坚固,现在大部分新建的核电站都采用预应力混凝土安全壳。

切尔诺贝利核事故爆炸,安全壳破裂,核物质泄漏;福岛核事故壳内氢气爆炸,安全壳破裂导致核泄漏,都再次表明安全壳并非万无一失。目前美军武器库中威力最大的钻地炸弹是空军装备的BLU-113侵彻弹,它能钻透7米厚的混凝土或30米厚的土壤,而超空泡钻地炸弹将能钻透300米厚的土壤,其威力远非安全壳能阻挡。另外,地震等自然灾害不可预测因素也可能导致安全壳破损。

4. 专家称遇放射性物质首先保护颈部

福岛核电站反应堆工作原理是核裂变。核电站事故释放的碘131是气态的，主要发射β射线，通过呼吸道、消化道进入体内，99.9%蓄积在甲状腺，因此对甲状腺危害最大。当然，放射性尘埃中也会有少量碘131，但落到颈部对甲状腺影响几乎可以忽略不计。要说人体组织器官对射线的敏感性，生殖器官的敏感性要高得多。因此，最佳保护措施应该是保护呼吸道，可采用多层棉纱口罩，并且用水打湿，这样对气态的碘131有一定的防护作用。

5. 日"越境"放射物对人无害，专家称少量可治甲状腺病

事实上，放射性碘对人体是有严重危害的。碘131作为治疗甲状腺机能亢进等疾病的一种方法，其适应症是有严格限制的。近年来发展起来的碘131偶联单克隆抗体治疗恶性肿瘤等疾病（靶向药物治疗）也需要保证用药的安全、有效。

6. 碘无防辐射作用

稳定性碘片是核电站事故医学救援必备的防护药品。核辐射是一个大的概念，每一种药物都有其独特的作用原理。服用远远超过日常需要量稳定性碘的目的是让机体甲状腺内的碘达到饱和，再遇到来自外界无论是空气还是食物中的放射性碘时（也包括稳定性碘），机体不再吸收，从而阻止碘131进入机体，达到预先防护的目的。因此，稳定性碘片只用于预防，而不能用于治疗放射性碘的损害。对于碘131之外的辐射危害，碘片不能发挥作用。就

如同一把钥匙可以开一把锁一样,对于辐射导致的造血系统、免疫系统的损害,需要其他的药物防治。

7. 穿白色的衣服可以防辐射

其实选择白色作为防护服颜色的是防原服装,因为在核爆炸五种杀伤因素中,白色外衣对光辐射吸收最少,这也是人们夏天穿浅色衣服的原因。对于靠近放射源的核辐射还是放射性沾染,其辐射包括α、β、γ、X射线和中子。α射线射程极其有限,一张纸就挡得住;β射线射程也仅为几毫米;γ、X射线需要一定厚度的铅、混凝土才能防护;中子则在水、石墨、硼等轻材料中慢化、吸收。可见制成一件全方位防护的衣服并不现实,医院里使用的防γ、X射线的一件0.5毫米铅当量的防护服重达十几斤,并不适合日常防护。对于此次核危机,如果放射性烟云带来了放射性沾染,落下灰除了具有放射性外,其防护与灰尘并无二致。只要外出穿戴严实的雨衣等外套,回家后及时洗澡并彻底更换干净衣物即可,这与专业队伍提供的洗消服务效果相近,同样具有很好防护效果。

8. 大家都在抢购碘片、碘盐,碘真的能够防核辐射吗

不根据实际情况盲目过量服用碘片,对身体有害无益。碘盐中的碘含量仅为20~30毫克/千克,发生放射性沾染时,需要快速让甲状腺内稳定性碘达到饱和,以阻止对更多碘的吸收。碘盐含碘相对较低,起不到预防放射性碘的作用。当然,就目前情况看,我国受到的放射性碘沾染十分轻微,不需要服

用碘片预防，但食用碘盐、紫菜、海带等含碘高的食品，是有一定好处的。

9. 受到核辐射之后会传染给别人吗

核辐射的本质是物质而非生命现象，与病毒、细菌等微生物有着显著区别。受到外照射的人，无论轻重程度如何，都不会传染给别人。倒是受照人员免疫力下降之后，其他人员与受照射人员过多接触，反而会增加受照射人员感染的机会，因此，这些受照人员必须在无菌环境中进行隔离治疗（严重的需要进入层流病房）。

当有人受到放射性落下灰沾染，放射性物质在其体表或者通过呼吸道、消化道、伤口进入其体内，他（她）就成了一个“放射源”，并且放射性物质会从其体表脱落或从其排泄物中进入新的生活环境。随着他（她）的移动，这个“活动放射源”会影响到更大的环境或更多的人员。因此必须及时对其采取隔离、洗消、促进排泄等治疗措施。

10. 网上的一些“防辐射食谱”有没有科学依据？比如花粉、螺旋藻、蜂王浆

许多食物如水果、花粉、蜂王浆等都含有丰富的维生素 C、维生素 E、胡萝卜素、植物雌激素等营养成分，具有一定的辐射防护作用。人体本身就拥有抗氧化、抗辐射的自我修复功能，如同皮肤受伤后能够自我修复一样。作为人体需要的常规营养成分，不管能否抗辐射，人体都是需要的，有条件可以适当食用一点，但过多不仅无益，可能还会有副作用。单纯依靠营养治愈不了

严重的损伤,身体有明显改变,是提醒您应该及时就医了。

11. 日常生活中的一些金银首饰或者钻石翡翠等,会不会也有辐射

一般金银首饰都不会含高于本底的核辐射,除了废旧金属回收过程中高放射性物质的混入。钻石翡翠等首饰一般也没有辐射,但一些来自铀矿等产地的产品不能完全排除,这在以往的检测中也遇到过,但几率不高。日常装修时,大理石、花岗岩等天然石材中可能有超标的辐射。

第九章 防患未然——日常防辐射

对于核弹、核电站的核污染大家都会严加防守，而对于日常生活、工作中可能受到的辐射却往往容易被人忽视。科学技术的发展给人类带来了全新的生活方式，辐射也逐步向各个领域扩展。在这里我们简要介绍人们工作、生活中的辐射防护，尤其关注医疗辐射和装修辐射。

一、日常核辐射

（一）工作中的核辐射

不同职业面对的核辐射来源有很大差别。国家规定的辐射工作场所存在核辐射已为人们所熟知，容易引起广大放射工作人员的重视。但目前辐射工作场所范围、受辐射危害的人群都有不断扩大的趋势，值得我们关注。

航天员是祖国的骄傲，他们在太空中遨游，受到重离子等辐射危害比γ、X射线诱发的损伤效应更为严重。帮助航天员减少辐射危害在航天医学辐射防护中占有重要地位。

一提起"空中小姐"，人们马上会联想到她们的青春靓丽，但由于在高空工作，离开了靠近地表大气层的保护，民航飞行航程中的机组人员所受宇宙辐射远远超过普通人群。1990年国际放射防护委员会(ICRP)首次将喷气客机机组人员列为职业受照人群，中华人民共和国国家标准《电离辐射防护与辐射源安全基本标准》(GB－18871－2002)也将受到宇宙辐射照射的喷气飞机机组人员列为职业照射人群，要求对飞行机组人员受到的宇宙辐射剂量进行监测和估算。

除了从事铀矿、钍矿等产业的相关人员外，我国煤矿井下工作人员人数在600万左右。我国目前已开展井下氡浓度、γ辐射水平及煤中天然放射性核素含量等调查，已有的调查资料表明，某些地区煤中天然放射性核素含量较高，煤矿中氡的照射问题值得关注，小型煤矿和石煤矿中此类问题更为严重。

一些科研单位使用的电镜、X射线衍射仪，以及部分设备、仪表中也带有放射性物质等产生的核辐射，使用这些设备的工作人员，有可能在毫不知情、毫无防护的情况下工作，长年累积，其危害不可小视。

医疗单位近年来设备更新快、扩张广，辐射范围远远超出了过去的影像科、放疗科、核医学科等传统的辐射工作场所，并且新增场所防护条件、人员培训不一定能达到要求，在这样的环境中工作必须留心。比如过去医院手术室护士，只重视无菌环境，而现在大量的介入治疗设备入驻，手术室也成了辐射工作场所，在这样的环境中工作必须把自己当做放射工作人员来看待。另外，现在开展氟18、碘131、锝99、锶89 等放射性核素检查、治疗的病人越来越多，消化科、肿瘤内科等科室的工作人员也应当多加关注自身防护。

随着社会发展和科技进步，近年来在能源、工业、地质、考古、军事等各行各业不断开发利用电离辐射技术，增加了各种人工电离辐射照射几率。作为公共卫生重要组成部分的放射卫生防护越来越凸显其重要性。

（二）生活中的核辐射

1. 医疗辐射

在人人关注健康的今天，我们不曾想到生活中受到的核辐射除了我们无法避免的来自自然环境的天然本底外，有近 90% 的辐射危害是来自医疗行为。其实 X 光、CT 并非想做就做，要健康就得自己把握主动权。

部分群体、人体的个别组织器官对辐射十分敏感。入学、入职体检，每年单位的常规体检，“X 光胸透”都被作为一项必检项目，某些地方甚至婴幼儿患感冒也被医生要求拍个胸片以避免误诊。很多人认为，CT、X 光是无创检查，对身体没有损害，可以随便做，其实这种想法是错误的。频繁地接受 X 线照射，会对人体造成伤害。国内曾发起“百万妇女乳腺普查”工程，就因为质疑X线检查项目在发现早期乳癌的诊断价值而不了了之。

其实,X线检查也是辐射的一种形式。在医院里,人们经常能看到拍X光片、CT的“大铁门”(防护门)紧闭,写着“小心辐射”的字样,就是在提醒人们小心规避。

比起普通X光,CT的辐射量更应引起人们重视。有数据表明,做一次心脏冠状动脉CT检查,放射线量相当于拍了700多次X线胸片。对一些不需要做CT检查的年轻人(尤其是年轻女性),不但诊断价值较低,更重要的是可能增加罹患乳癌的风险。近年来,为了保护广大受检者的正当权益,要求辐射工作单位进行X光、CT检查时,必须对受检者进行适当的防护。比如,拍胸片时,要给患者带铅围脖,避免甲状腺受到不必要的照射;拍腹部平片时,要对会阴部进行防护,尽量减少生殖器受到照射。如果在检查过程中,医务人员没有提供这些防护用具,受检者可以作出提醒。同时,医务人员在选择检查手段时,也必须按照最优化原则。比如,如果拍一张胸片能够诊断肺部病情,就不一定要做CT检查。另外,要大力推行各医疗单位之间的检查互认制度,一方面节约病人开支,另一方面也能够大大减少身体受到的辐射危害。

近几年发展起来的PET/CT检查,被有的单位作为“高端体检”“早期肿瘤诊查利器”进行宣传。其实,肿瘤早期诊断是目前医学尚未解决的难题,这些检查阳性率并不高,其中不乏误诊、漏诊者,并且受检者个人和环境都受到不必要的辐射。当前医疗检查已成为一种商品,受检者需要认真权衡。过度医疗，得不偿失。

2. 装修辐射

随着生活水平的提高，人们对房屋装修方面的投资也越来越大。当前人们对室内有害气体等物质有了一定的认识，并且具有了一些防范意识，但对装修材料的放射性污染与危害还是认识不足。

(1) 艳丽石材，暗藏风险。

近年来，一些家装材料放射性超标对人体产生辐射危害的报道层出不穷。天然石材(如花岗石、大理石等)的放射性污染引起的一系列健康问题，轻则会让人感到身体不适，重则会引发疾病，甚至有致癌的危险。

在现代装修材料中，花岗岩、大理石因为它的华丽高雅、坚固实用、耐腐蚀等优点而被广泛采用。但是，人们往往忽视了这些天然石材可能具有放射性物质——氡。氡是一种具有放射性的惰性气体，无色无味，石材中的氡会不断释放进入室内空气。氡及子体通过呼吸道进入人体，容易诱发肺癌。

氡气对人体的辐射伤害占人体一生中所受到的全部辐射伤害的55%以上，其诱发肺癌的潜伏期大多都在15年以上，世界上有1/5的肺癌患者与氡有关。氡是导致人类肺癌的第二大“杀手”，其危害仅次于吸烟，世界卫生组织把它列为19种致癌物之一。

(2) 警惕“美丽”的抛光砖。

其实不仅仅是花岗石、大理石等天然石材具有放射性的危害，地砖、瓷砖、混凝土等居室装修中的必选建筑材料，它们的放射性水平也同样不容忽视。这些建筑材料之所以可能含有比较高的放射性水平，主要是因为它们的制作原料可能是由矿业废渣、煤渣、钢渣或工业副产品组成，而这些副产品里常常含有浓缩的放射性核素，从而导致制成的建筑材料放射性水平较高。

(3) 小心“奇珍异宝”。

家中的一些石材类家具和工艺摆设均可能产生辐射。市场上有一种经过处理能在夜里发光的装饰品，具有很强的放射性，不适合在居室内摆放。此外，孔雀石、稀土矿石等放射性也偏高。

因此，装修入住之前，在要求家装公司提供甲醛、TVOC 等化学污染物检测报告的同时，别忘了看一看氡子体等放射性危害的检测结果。

人类居住的地球本身就是一个放射源。此外，我们也不可避免地受到宇宙射线“袭扰”。核辐射对于我们来说是无时不有，无处不在，只是剂量大小有差别。生活中的核辐射影响，属于“非确定性效应”，应尽量避免不必要照射，但也不必“谈核色变”。

二、日常防辐射要点

在这里，我们总结出日常防辐射的“六字真经”。

“知”——辐射无处不在，给人体带来的危害属于随机效应，也就是说辐射是“隐形杀手”,您不关注它,它也会附上您。对辐射光有恐惧心理并不能减少它的危害,必须学习一些基本防护常识和基本防护方法,生活中从小处入手,尽量避免不必要的辐射。比如,单位新进的仪器设备,首先要学习了解,看是否带有一些小的不被人关注的放射源,了解如果发生核泄漏等意外时应如何处理等。

“察”——人体无法自动感知核辐射的存在,而有的新建项目辐射防护设施的建设不一定那么完善。比如办公室楼上、楼下乃至于左邻右舍都可能有放射设备或放射源。因此,有辐射防护疑问时,请主动与单位主管部门提出质疑、建议,申请防护监督部门实地进行放射卫生侦察,及时了解辐射危害程度,采取相应的整改措施。

“避”——辐射不是“滋补品”,如果能够躲避就尽量避开,减少不必要的照射。比如,有亲朋好友到医院做X线检查,除非病情需要,一般情况下检查室安排好后就应该服从医务人员管理,在拍片室防护门外等候,没有必要一起进入拍片室。

“练”——如果您的工作环境离不开辐射,如做介入诊疗的医护人员,离开了X射线就无法看清病灶,那么,防护的办法就是“熟能生巧”,在时间防护上下功夫。运用放射性核素时采取一些小诀窍,比如做同位素检查时,先给受检者建立静脉通道,再去取需要注射的放射性药品,尽量缩短与放射源接触的时间。

“养”——核辐射作用于人体，会产生大量自由基，造成身体损害。因此，日常饮食中，可以常吃一些富含抗氧化剂的食物，比如多吃新鲜的水果、蔬菜，摄取人体必需的维生素，减轻辐射对人体产生的影响。最好养成喝绿茶的习惯，绿茶中的茶多酚是抗辐射物质，可减轻各种辐射对人体的不良影响。另外，每天喝一杯豆浆也是不错的保健方法。如果是“DIY”的话，豆渣可别当废料弃掉，磨细一点可以作为汤料一起吃。豆渣中含有大豆异黄酮，是一种植物雌激素，具有很好的防辐射作用。

“美”——许多女士关心辐射对面部的伤害。与紫外线一样，核辐射也会对皮肤造成伤害，引起皮肤过度角化、衰老，甚至诱发癌变。防紫外线的二氧化钛、氧化锌制成的物理性防晒剂以及对氨基苯甲酸类、邻苯甲酸类等化学性防晒剂对核辐射没有防护作用。一些SOD（超氧化物歧化酶）、α－硫辛酸等抗氧化剂制成的化妆品具有一定防辐射作用，可适当选用。

除了日常辐射防护保健外，如果您的身体出现不明原因的不适，请及时到医院进行检查，以免延误诊治。

三、生活中电磁辐射的防护

除了核辐射之外，我们生活中还有另一类辐射——电磁辐射。

电磁技术被广泛应用到节能、环保、制造、机械、医学、科研、农业、生物、国防等领域,电磁辐射作为环境污染和职业危害的一种新形式,被称为继空气污染、水污染和噪音污染之后的“第四大污染”。

现代生活离不开电磁环境,但是倘若周围的电磁辐射超过一定限量,就可能对人体造成危害。

电磁辐射重点防护人群有:老人、孩子、孕妇、病人,由于自身抵抗力不高,容易被辐射入侵;因为睾丸对电磁辐射异常敏感,青年男性也是电磁辐射危害的重点人群。

电磁辐射主要防护方法是:源头屏蔽和个人防护。目前市场上防电磁辐射的个人防护用品有数十种,消费者在挑选时关键是看这种产品是否贴身无缝隙、是否对皮肤有刺激性。因为电磁波在传播时会拐弯、折射,如果过于宽松或者采用不锈钢、镀铜、镀镍等重金属纤维,不仅不能有效屏蔽电磁辐射,相反还可能引起人体过敏和代谢障碍。同时,生活中的一些细节对防辐射也至关重要,例如手机就是日常生活中常见的电磁辐射源。使用手机时应尽量减少它与身体的近距离接触,尤其是晚上睡觉最好不要将手机放在枕边。另外在手机接通后的前三秒最好不要放在耳边,因为在接通的瞬间磁辐射最强,因此尽量使用耳机接听;电池电量过低时候最好少打电话,因为这个时候的辐射量较高。

笔记本电脑也是白领一族辐射的来源。在旅途中如果必须使用,请不要直接放在膝盖上,最好能够放在小桌椅或别的支撑物上,远离自己的会阴部。

微波炉、电磁炉是家庭中电磁辐射密集的电器。孕妇应尽量避免使用,操作时要保持一定距离。据研究,距离运行中的微波炉5厘米外,就能达到国家的防辐射安全标准,因此为保险起见,最好离得更远,或者使用时退出厨房等候。电磁炉辐射比微波炉小一点,但也要注意。

电视机也会产生电磁辐射,因此看电视应保持3米以上的距离。近年来液晶电视的普及,电视机电磁辐射已显著下降。

冬天使用的电热毯电磁辐射也不小。如果躺在开着的电热毯上,无异于把人放在一个辐射圈中。正确的使用方法是先把电热毯预热好,关掉电源后人再躺上去。

四、科学对待电磁辐射危害

20世纪80年代以来,我国加快了向信息时代迈进的步伐。与此同时,电磁辐射的环境污染也在与日俱增。随着电子技术的广泛应用,电磁辐射已成为21世纪的主要污染源。1996年,世界卫生组织设立了国际EMF(electromagnetic field)计划,目的在于评估电磁场可能产生的健康危害,超过40个国家和6个国际组织参与了此计划。电磁辐射被联合国人类环境大会列为必须控制的造成公害的主要污染物之一。保护人类电磁环境,防止电磁干扰,越来越引起世界各国及有关国际组织的普遍关注。

1. 电磁辐射污染特点

电磁辐射作为一种新型污染源,其主要特点是:

(1) 隐蔽性强。电磁波充斥周围,无色、无味、无形,可以穿透人体,造成污染。

(2) 电磁辐射污染对人体的健康影响还存在科学难以界定的因素。如手机电磁辐射与人体患脑肿瘤疾病之间的关系至今尚无可靠定论。

(3) 通过合理规划,可以减少乃至避免电磁辐射污染。电磁辐射设施和设备一旦投入运行就会产生电磁波,而末端电磁辐射治理措施有限,成本高昂。"时间""距离"和"屏蔽"的防护三原则在实际应用中较难实施。

1997 年至 1998 年底,国家环保总局(现国家环保部)在全国范围内开展了针对广播电视发射设备、通信发射设备、交通、电力以及工业、科研和医疗电磁辐射设备五大类电磁辐射环境污染源调查,结果显示:

(1) 广播电视发射台是全国最大、最集中的电磁辐射污染源。

(2) 通信系统发射设备种类多、数量大、分布广。

(3) 工业、科研、医疗中使用的高频设备数量多,功率大。

(4) 电气化交通设施造成电磁辐射污染。

(5) 高压送变电设施造成电磁辐射污染。

随着城市人口增加、建筑密度不断加大,城乡居民家用电器迅速增加以及电力、通信、交通事业的发展,电磁辐射污染有由大城市迅速向中小城市及农村扩散的趋势。

2. 电磁辐射污染法律纠纷

电磁辐射污染直接关系到公众的工作和生活。近年来,关于电磁辐射污染的投诉率居高不下,因电磁辐射污染纠纷提起的诉讼也日益增多。纠纷的主要类型有:

(1) 因在居民区建设电磁辐射设施、设备引起的排除妨碍纠纷;

(2) 因怀疑电磁辐射污染所致人身伤害要求侵权损害赔偿;

(3) 因手机电磁辐射污染引发的纠纷;

(4) 因开发商隐瞒有关电磁辐射污染的真实情况导致的商品房纠纷;

(5) 因农村输变电设施的电磁辐射引发的纠纷。

然而,实践中电磁辐射污染纠纷的解决,却往往难以获得各方都满意的效果。主要原因在于:

(1) 电磁辐射污染防治的法律、法规还存在诸多空白,增加了解决电磁辐射污染纠纷的难度;

(2) 电磁辐射设施、设备建设过程缺乏对公众私权利的基本尊重,容易引起公众的反感与恐慌;

(3) 对电磁辐射污染或过于冷漠或过度恐慌的极端认识,导致纠纷各方难以沟通。

传统法律遵循的是损害预防原则,只有在损害确定的情况下才能构成侵权。目前，电磁辐射污染对人体致害的机理还未完全明确，电磁辐射污染对人体健康所致的损害具有不确定性，严格说它只是一种“风险”，而不是“必然”。迄今为止，尚无法证明电磁辐射污染与人体致病之间的因果关系。

3. 电磁辐射污染风险防范

电磁辐射污染“风险防范”同样不等于“安全”。如果任由电磁辐射污染风险发生或者推迟对风险行为的控制，将带来极大的危害。对电磁辐射污染的防治，有必要采取风险损害原则，不以损害的确定性为承担法律责任的要件，要求在确定的风险程度临界标志线以上采取预防措施。

虽然根据风险预防原则的要求，对电磁辐射污染防治进行法律规范是各国的共识和普遍做法。但是，由于对电磁辐射所造成的健康危害的理解不同，不同国家所制定的电磁辐射标准有很大的差异。其中，俄罗斯、意大利、比利时和我国在制定标准时考虑了电磁辐射对人体神经效应方面的影响，标准限值较严，而美国、澳大利亚、德国等国标准限值较为宽松，两者之间相差了近千倍。

4. 理性对待电磁辐射污染

一个国家制定电磁辐射风险程度临界标志，以及采取何种程度的预防措施为适当，不仅取决于对科学研究的理解，也取决国家经济发展水平、产业状况、公众的心理承受能力等其他因素。对于普通公众而言，如何正确对待电磁辐射呢？

（1）学习一些有关电磁辐射的基础知识、防护方法，尽可能减少电磁辐射污染对自身健康的损害。

（2）正确对待电磁辐射对人体的危害，无需草木皆兵、杞人忧天。

（3）在日常生活、工作中，如果无视电磁辐射污染对健康的影响，日积月累，电磁辐射对身体的伤害将无法逆转。

（4）掌握电磁辐射防护的法律法规，正确运用法律手段维护自身的正当权益。

附录一

元素周期表

元素周期表

图例：
- 原子序数 — 92
- U — 元素符号，红色指放射性元素
- 铀 — 元素名称注*的是人造元素
- $5f^36d^17s^2$ — 外围电子层排布，括号指可能的电子层排布
- 238.0 — 相对原子质量

非金属　金属　过渡元素

周期＼族	I A	II A	III B	IV B	V B	VI B	VII B	VIII	VIII	VIII	I B	II B	III A	IV A	V A	VI A	VII A	0	电子层	0族电子数
1	1 H 氢 $1s^1$ 1.008																	2 He 氦 $1s^2$ 4.003	K	2
2	3 Li 锂 $2s^1$ 6.941	4 Be 铍 $2s^2$ 9.012											5 B 硼 $2s^22p^1$ 10.81	6 C 碳 $2s^22p^2$ 12.01	7 N 氮 $2s^22p^3$ 14.01	8 O 氧 $2s^22p^4$ 16.00	9 F 氟 $2s^22p^5$ 19.00	10 Ne 氖 $2s^22p^6$ 20.18	L K	8 2
3	11 Na 钠 $3s^1$ 22.99	12 Mg 镁 $3s^2$ 24.31											13 Al 铝 $3s^23p$ 26.98	14 Si 硅 $3s^23p^2$ 28.09	15 P 磷 $3s^23p^3$ 30.97	16 S 硫 $3s^23p^4$ 32.07	17 Cl 氯 $3s^23p^5$ 35.45	18 Ar 氩 $3s^23p^6$ 39.95	M L K	8 8 2
4	19 K 钾 $4s^1$ 39.10	20 Ca 钙 $4s^2$ 40.08	21 Sc 钪 $3d^14s^2$ 44.96	22 Ti 钛 $3d^24s^2$ 47.87	23 V 钒 $3d^34s^2$ 50.94	24 Cr 铬 $3d^54s^1$ 52.00	25 Mn 锰 $3d^54s^2$ 54.94	26 Fe 铁 $3d^64s^2$ 55.85	27 Co 钴 $3d^74s^2$ 58.93	28 Ni 镍 $3d^84s^2$ 58.69	29 Cu 铜 $3d^{10}4s^1$ 63.55	30 Zn 锌 $3d^{10}4s^2$ 65.39	31 Ga 镓 $4s^24p^1$ 69.72	32 Ge 锗 $4s^24p^2$ 72.61	33 As 砷 $4s^24p^3$ 74.92	34 Se 硒 $4s^24p^4$ 78.96	35 Br 溴 $4s^24p^5$ 79.90	36 Kr 氪 $4s^24p^6$ 83.80	N M L K	8 18 8 2
5	37 Rb 铷 $5s^1$ 85.47	38 Sr 锶 $5s^2$ 87.62	39 Y 钇 $4d^15s^2$ 88.91	40 Zr 锆 $4d^25s^2$ 91.22	41 Nb 铌 $4d\ 5s^1$ 92.91	42 Mo 钼 $4d^55s^1$ 95.94	43 Tc 锝 $4d^55s^2$ [99]	44 Ru 钌 $4d^75s^1$ 101.1	45 Rh 铑 $4d^85s^1$ 102.9	46 Pd 钯 $4d^{10}$ 106.4	47 Ag 银 $4d^{10}5s^1$ 107.9	48 Cd 镉 $4d^{10}5s^2$ 112.4	49 In 铟 $5s^25p^1$ 114.8	50 Sn 锡 $5s^25p^2$ 118.7	51 Sb 锑 $5s^25p^3$ 121.8	52 Te 碲 $5s^25p^4$ 127.6	53 I 碘 $5s^25p^5$ 126.9	54 Xe 氙 $5s^25p^6$ 131.3	O N M L K	8 18 18 8 2
6	55 Cs 铯 $6s^1$ 132.9	56 Ba 钡 $6s^2$ 137.3	57–71 La-Lu 镧系	72 Hf 铪 $5d^26s^2$ 178.5	73 Ta 钽 $5d^36s^2$ 180.9	74 W 钨 $5d^46s^2$ 183.8	75 Re 铼 $5d^56s^2$ 186.2	76 Os 锇 $5d^66s^2$ 190.2	77 Ir 铱 $5d^76s^2$ 192.2	78 Pt 铂 $5d^96s^1$ 195.1	79 Au 金 $5d^{10}6s^1$ 197.0	80 Hg 汞 $5d^{10}6s^2$ 200.6	81 Tl 铊 $6s^26p^1$ 204.4	82 Pb 铅 $6s^26p^2$ 207.2	83 Bi 铋 $6s^26p^3$ 209.0	84 Po 钋 $6s^26p^4$ [209]	85 At 砹 $6s^26p^5$ [210]	86 Rn 氡 $6s^26p^6$ [222]	P O N M L K	8 18 32 18 8 2
7	87 Fr 钫 $7s^1$ [223]	88 Ra 镭 $7s^2$ 226.0	89–103 Ac-Lr 锕系	104 Rf 𬬻* $(6d^27s^2)$ [261]	105 Ha 𬭊* $(6d^37s^2)$ [262]	106 * $(6d^47s^2)$ [263]	107 * $(6d^57s^2)$ [262]	108 * $(6d^67s^2)$ [265]	109 * $(6d^77s^2)$ [266]											

镧系	57 La 镧 $5d^16s^2$ 138.9	58 Ce 铈 $4f^15d^16s^2$ 140.1	59 Pr 镨 $4f^36s^2$ 140.9	60 Nd 钕 $4f^46s^2$ 144.2	61 Pm 钷 $4f^56s^2$ [147]	62 Sm 钐 $4f^66s^2$ 150.4	63 Eu 铕 $4f^76s^2$ 152.0	64 Gd 钆 $4f^75d^16s^2$ 157.3	65 Tb 铽 $4f^96s^2$ 158.9	66 Dy 镝 $4f^{10}6s^2$ 162.5	67 Ho 钬 $4f^{11}6s^2$ 164.9	68 Er 铒 $4f^{12}6s^2$ 167.3	69 Tm 铥 $4f^{13}6s^2$ 168.9	70 Yb 镱 $4f^{14}6s^2$ 173.0	71 Lu 镥 $4f^{14}5d^16s^2$ 175.0
锕系	89 Ac 锕 $6d^17s^2$ 227.0	90 Th 钍 $6d^27s^2$ 232.0	91 Pa 镤 $5f^26d^17s^2$ 231.0	92 U 铀 $5f^36d^17s^2$ 238.0	93 Np 镎 $5f^46d^17s^2$ 237.0	94 Pu 钚 $5f^67s^2$ [244]	95 Am 镅* $5f^77s^2$ [243]	96 Cm 锔* $5f^76d^17s^2$ [247]	97 Bk 锫* $5f^97s^2$ [247]	98 Cf 锎* $5f^{10}7s^2$ [251]	99 Es 锿* $5f^{11}7s^2$ [252]	100 Fm 镄* $5f^{12}7s^2$ [257]	101 Md 钔* $(5f^{13}7s^2)$ [258]	102 No 锘* $(5f^{14}7s^2)$ [259]	103 Lr 铹* $(5f^{14}6d^17s^2)$ [260]

注：

1. 相对原子质量录自1995年国际原子量表，并全部取4位有效数字。
2. 相对原子质量加括号的为放射性元素的半衰期最长的同位素的质量数。

附录二

核物质基础

一、核物质特性

1: 原子

古希腊哲学家德谟克利特认为,世界万物都是由某种最小物质组成的,这种物质被命名为“原子”。

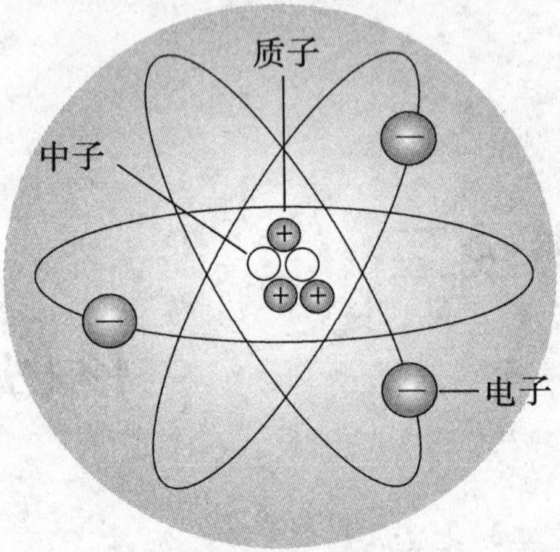

原子核由带正电的质子和不带电的中子组成，带负电的电子围绕原子核旋转

原子结构模型

19 世纪中期和 20 世纪初，人类一系列伟大发现，揭开了原子核结构的庐山真面目，逐步实现了原子能的控制和利用。

原子能发现大事记

时　间	贡献者	主要成就
19 世纪末	英国物理学家汤姆孙	发现电子
1895 年	德国物理学家伦琴	发现 X 射线
1896 年	法国物理学家贝克勒尔	发现了物质的放射性

续表

时 间	贡献者	主要成就
1898 年	居里夫人与居里先生	发现放射性元素钋
1902 年	居里夫人	发现了放射性元素镭
1905 年	德国物理学家爱因斯坦	提出质能转换公式
1914 年	英国物理学家卢瑟福	确定氢原子核是一个正电荷单元,称为质子
1932 年	英国物理学家查德威克	发现中子
1938 年	德国科学家奥托·哈恩	用中子轰击铀原子核,发现了核裂变现象
1942 年 12 月 2 日	美国芝加哥大学	成功启动世界上第一座核反应堆
1954 年	苏联	建成世界上第一座核电站——奥布灵斯克核电站

2. 同位素及其放射性同位素

所有物质,都是由被称为化学元素的 94 种基本物质构成的,这些基本物质存在于自然界。如果两个原子质子数目相同,但中子数目不同,则他们仍有相同的原子序,在周期表是同一位置的元素,所以两者就叫同位素。

放射性:在核衰变过程中总是放射出具有一定动能的带电或不带电的粒子,这种现象称为放射性。1899 年,科学家发现镭的射线在磁场作用下,分解为左、中、右 3 束,分别命名为 α、β 和 γ 射线。后来证明,偏转角度不大的 α 射线,是带正电荷的氦原子核;偏转角度大的 β 射线,是带负电的电子束;中

间不偏转的 γ 射线，是一种不带电荷的电磁波。

有放射性的同位素称为“放射性同位素”，没有放射性的则称为“稳定同位素”，并不是所有同位素都具有放射性。

放射性同位素分为天然的和人造的两类，放射性核素又称为放射源。

放射系：放射系指母体核素与子体核素构成多代子系，天然放射系包括铀系、钍系、锕系，人工放射系如镎系。

3. 核素衰变及其半衰期

核素是指具有特定质量数、原子序数和核能态，其寿命长到足以被观察到的一类原子。核素可以分为稳定性核素和非稳定核素两大类。

核内质子数和中子数过多或过少都会造成核不稳定，不稳定的核素可通过核内质子和中子间的自发转换蜕变成另外一种新的核素，这种现象称之为核衰变，并伴随着能量的转换，多余的能量以各种射线的方式释放出来，这个过程称为放射性衰变。

某种核素衰变（减少）一半的时间称为半衰期。

半衰期是放射性核素的基本特性，不会随着物质物理、化学性质改变而改变，半衰期长短决定了放射性核素在自然界中自我清除的时间。

4. “另类反应”——核反应

20 世纪 30 年代末科学家发现，用中子轰击铀原子核，一个入射中子能使一个铀核分裂成两块具有中等质量数的碎片，同时释放大量能量和两到三个中子;这两三个中子又能引起其他铀核分裂,产生更多的中子,分裂更多的铀核,这样形成链式反应。

另外一种核反应方式叫聚变反应。核聚变是指由质量小的原子,如氘或氚,在一定条件下(如超高温和高压),发生原子核互相聚合作用,生成新的质量更重的原子核,并伴随着巨大的能量释放的一种核反应形式。

临界质量和临界体积是指维持原子核链式反应所需的裂变材料质量和体积。不同的可裂变材料,受物理性质、物料形状、纯度、是否被中子反射物料包围、是否有中子吸收材料等因素影响,表现出不同的临界质量和体积。

化学反应是分子分解成原子,离子重组,原子重新排列组合生成新物质,其实质是旧化学键断裂和新化学键形成的过程。如每千克标准煤的热值为7 000 千卡,大约每度电折合 0.404 千克标准煤,其能量十分有限。

5. 核反应"链条"——中子

1928 年,德国物理学家博特和贝克用粒子轰击铍元素,发现一种不带电的射线,伊伦·居里在后来的实验中也有同样发现。1932 年,英国物理学家查德威克研究发现,这种射线是一种新的物质,其质量与质子几乎相等,是一种中性粒子,被命名为中子。

按照能量高低,中子可分为慢中子(0.025 电子伏)、中能中子(0.5 电子伏)、快中子(10 千电子伏)、特快中子(10 兆电子伏)。

链式反应的过程中,中子呈几何数量增长,链式反应的起点是中子,中子就是链式反应的链条。链式反应的维持,是原子能利用的前提。控制中子的种类、数量以及核物质临界质量、临界体积,就能实现核反应过程的控制。

6. 超级能量——核能

1905 年德国物理学家爱因斯坦在狭义相对论中提出,任何物质都有质量,也有相当的能量,即质—能是不可分割的,物质的质量可以转化为巨大的能量,其大小是质量乘以光速的平方。即著名的质能公式

$$\Delta E(\text{能量}) = \Delta m(\text{质量}) \times c^2(\text{光速})$$

光速 c = 299 792 458 米/秒,所以质量转变为能量的数量十分巨大。

当核反应时,原子核结构发生变化释放出的能量,称为核能。以相同质量核反应物所释能大小作比较,核裂变能和核聚变能分别是化学能的 250 万倍和 1 000 万倍,1 千克铀 235 相当于 2 500 吨煤产生的能量,1 千克氘和氚相当于 1 万吨煤产生的能量。

二、核辐射测量

1. 核辐射性质

核辐射包括 α、β、γ 射线、X 射线及其中子的放射性。

(1) α 射线。

α 射线本质是氦原子核。一般只有当原子序数在 83 以上的重元素,例如氡、锕、钍、镭与铀等原子核才能释放出这种射线。α 射线的初速度为 10 000 ~ 20 000 千米/秒,相当于 4 ~ 10 兆电子伏(MeV)的动能。

数千分之一厘米厚的铝片或一张普通的纸,就可以完全挡住 α 射线。

(2) β 射线。

当原子核内某一个中子转变成质子时,伴随着电子产生,这个电子就是 β 射线。β 射线电离本领不如 α 射线大。

(3) X、γ 射线。

X 射线是用电子装置产生的。在高能加速器等电子装置中,电子被加速到高能,然后轰击靶(靶材料通常为钨或金),高速电子与靶原子碰撞,内壳层某一能级上的电子被击出原子,然后外壳层某一能级上的电子去填补内壳层留下的空位,放出能量等于这两个能级之差的光子,就是 X 射线。

γ 射线来自放射性核素的衰变,当不稳定的核分裂或衰变,变成稳定的原子核时,多余的能量以 γ 射线方式放出。

(4) 中子。

中子是原子核的组成部分,每当铀或钚等原子核分裂时,都能释放出中子来。因此在原子反应堆里或原子弹爆炸时,都能产生大量的中子流。

中子的质量几乎与质子相等,但不带电荷,因此它的穿透本领与 γ 射线近似。但中子通常不稳定，能很快放出一个电子而变为质子。

2. 核辐射计量学

放射性活度：放射源在单位时间内衰变的原子数。国际单位为贝可(Bq)，1Bq = 1次衰变/秒，专用单位为居里(Ci)，1Ci = 3.7×10^{10} Bq。

放射性比度：单位质量(体积)的放射性活度。

当量剂量：当量剂量是量度不同种类及能量的辐射，对人体个别组织或器官造成的影响的一个物理量。当量剂量的单位是J/kg，称为希伏(Sv)。

1希伏(Sv) = 1×10^{3} 毫希伏(mSv) = 1×10^{6} 微希伏(μSv) = 1×10^{9} 纳希伏(nSv)

3. 核辐射测量

(1) 放射性检测器。

人类无法用肉眼或其他感觉器官感知放射性或放射性物质的存在，主要利用放射性同位素发出的射线与物质之间的相互作用，会直接或间接地产生电离和激发等效应，利用这些效应，可以探测放射性的存在、放射性同位素的性质和强度。用来记录各种射线的数目，测量射线强度，分析射线能量的仪器统称为探测器。

(2) 放射性监测。

按照监测对象可分为个人剂量监测、现场监测和环境监测。

个人剂量监测：对放射性专业工作人员或公众进行的内照射和外照射的

剂量监测。

现场监测：对放射性物质生产或应用单位内部工作区域的监测。

环境监测：对放射性生产和应用单位外部环境（包括空气、水体、土壤、生物、固体废物等）的监测。

（3）放射性核素的测定。

α 放射性核素：即^{239}Pu、^{226}Ra、^{224}Ra、^{222}Rn、^{210}Po、^{222}Th、^{234}U 等。

β 放射性核素：即^{3}H、^{90}Sr、^{89}Sr、^{134}Cs、^{137}Cs、^{131}I 和^{60}Co。

对于放射性核素需要测定：放射源强度、半衰期、射线种类及能量；环境和人体中放射性物质含量，放射性强度，空间照射量或电离辐射剂量。

放射性监测主要包括样品采集，样品前处理，选择适宜方法、仪器测定等基本步骤。

附录三 核武器常识

原子核内的秘密一经揭示,就被人类应用于军事领域——核武器制造。“核威慑”成为冷战时期苏联和美国为首的华约、北约两大阵营的杀手锏。上千次的核试验给人类赖以生存的自然环境造成了严重的放射性危害。

一、核武器杀伤原理

1. 核弹的爆炸原理

核武器是利用原子核裂变或聚变反应,瞬间释放出巨大能量,造成大规模杀伤和破坏作用的武器。核武器破坏程度即核武器威力用“TNT”当量描述,即相当于多少吨 TNT 炸药的能量。核武器按爆炸威力可分为百吨级、千吨级、万吨级、十万吨级、百万吨级和千万吨级。

核武器的爆炸方式可分为空中爆炸、地面爆炸、地下爆炸以及水面爆炸和水下爆炸等几种。

核武器按使用类型又可分为战略核武器和战术核武器。当代核武器已经形成了陆、海、空、潜“四位一体”的打击防御体系。目前核武器已经从第一代的原子弹向第四代核定向能武器发展。

2. 核武器的杀伤作用

普通炸弹和炮弹只有弹片起杀伤破坏作用，而核武器有五种杀伤破坏因素，即光辐射、冲击波、早期核辐射、核电磁脉冲和放射性沾染。光辐射、冲击波、早期核辐射、核电磁脉冲只在核爆炸几十秒内起作用，统称为瞬时杀伤破坏因素。核武器因种类、当量和爆炸环境的不同，能量分配的比例会有很大差异。

（1）光辐射。

光辐射又称热辐射，是核爆炸的闪光以及高温火球辐射出来的强光和热。核爆炸产生的火球中心温度可达几千万度，产生的光辐射以光速沿直线向四周传播，其作用时间大约在几秒到几十秒间。

光辐射能灼伤人的皮肤，造成眼角膜和视网膜灼伤，闪光可引起闪光盲，吸入炽热空气可导致呼吸道烧伤。光辐射能使物体熔化、灼焦、炭化和燃烧，形成大面积火灾，造成人员的间接损伤。

（2）冲击波。

冲击波是核爆炸瞬时形成的高温高压气流，其特点是从爆心以超音速向四周传播，作用时间只有几十秒。冲击波对人员可造成直接杀伤和间接杀伤。直接杀伤是超压对人体及肠胃、心脏、肺部的挤压作用和动压对人体的抛掷和撞击作用；间接杀伤是受冲击波破坏的倒塌建筑物或抛射物体对人员的伤害作用。冲击波可造成地面建筑物倒塌和地面设备设施损坏。

（3）早期核辐射。

早期核辐射是指在核爆炸最初十几秒辐射出来的人眼看不见的 γ 射线和中子流，它是核爆炸特有的杀伤因素。

当射线照射人体，杀死细胞达到一定程度时，人就会得放射病；照射到土壤、食盐、碱、食品和某些金属器具上，还会使这些原来没有放射性的物质产生放射性（感生放射性），也能对人员造成伤害。

（4）放射性沾染。

核爆炸时产生的大量放射性核素，在高温下气化，分散于火球内，当火球冷却成烟云时，与烟云中微尘以及由地面上升的尘土凝结成放射性微粒，受重力作用向地面沉降，称为放射性落下灰，简称落下灰。

放射性沾染是指核爆炸时产生的放射性物质随风飘移、下落，对人员、动物、植物、地面、水、空气和物体等所造成的污染。它也是核爆炸特有的杀伤因素。其特点是能不断放出 α、β、γ 射线。

放射性物质对人员的伤害途径包括体外照射、体内照射和皮肤灼伤。空气中的放射性物质会对人员造成体外照射伤害；沾染的空气、食物和水进入人体可引起体内照射伤害；放射性物质接触到人的皮肤，可引起皮肤灼伤。

放射性沾染的程度分布极不均匀，范围广，作用时间长，可持续几天、几个月甚至更长时间，对人员行动安全有严重影响。水、粮食、食品等沾染后无法直接食用。另外，放射性沾染还能污染环境，影响生物链的正常发展。

(5) 核电磁脉冲。

核电磁脉冲是核爆炸瞬间产生的一种强电磁波，与自然界雷电十分相似，作用半径随爆炸高度升高而增大。

核电磁脉冲对人员没有直接杀伤作用，它能消除计算机内存储的信息，使自动控制系统失灵，无线通信器材和家用电器受到干扰和损坏。

(二) 核试验

核试验是指为了军事研究和科学研究在预定条件下进行的核爆炸装置或核武器爆炸试验。核试验程序一般分为准备、实施以及分析与总结三个阶段。

按试验时的环境条件不同，核试验的方式有大气层核试验、高空核试验、地下核试验和水下核试验。拥有核武器的国家一般都是首先进行大气层核试验。

虽然核试验与核武器的真正使用有着本质区别，但所产生的放射性沾染对人类的危害却都是一样的。

《全面禁止核试验条约》是一项旨在促进全面防止核武器扩散、促进核裁军进程,从而增进国际和平与安全的条约。截至 2004 年 9 月,全世界已有 172 个国家签署了该条约,116 个国家批准了这一条约。

《不扩散核武器条约》又称“防止核扩散条约”或“核不扩散条约”,该条约的宗旨是防止核扩散,推动核裁军和促进和平利用核能的国际合作。中国于 1991 年 12 月 29 日决定加入该公约,1992 年 3 月 9 日递交加入书,同时该公约对中国生效。截至 2005 年 11 月,签署附加议定书的国家有 106 个。

附录四

核电站概况

一、核电站的构造与原理

核电站是利用核反应产生的巨大能量来发电的发电站。核电站实际相当于核反应堆代替常规锅炉,以核燃料取代普通燃料的热力发电厂。

1. 核电站的“燃料”——核燃料

核电站与火力发电厂相比,除使用的燃料不同外其他基本相同。核电站使用的不是煤、石油、天然气等普通燃料,而通常是核燃料——铀(或钚)。在核电站内的反应堆中,铀 235 发生核裂变反应,放出巨大的热能,使锅炉中的水沸腾产生大量高压蒸气，推动蒸汽轮机和发电机发电。一座100万千瓦级压水堆核电站，一年只需30～40吨左右低浓度铀核燃料。而同样规模的煤电站，一年要供应它212～350万吨煤炭。

核武器所用核材料铀235、钚239等纯度超过90%，临界质量小，链式反应瞬间发生。核电站所用核材料铀235浓度一般在2%～4%之间，临界质量极大，加之内部构造有特殊控件，核反应方式与原子弹不同，核电站不会像原子弹那样发生爆炸，实现了核反应过程完全可控，确保了核电站的安全可靠。

2. 核电站的“刹车”——控制棒组件

控制棒组件是采用热中子强吸收材料用来控制反应性的可移动部件，控制棒可分为安全棒、补偿棒、调节棒等。通过调节其插入堆芯的深度，可简便、快捷地实施启动、停堆和功率调整。控制棒用来补偿燃料消耗和调节反应速率；安全棒用来快速停止链式反应。吸收体材料一般是硼、碳化硼、镉、银铟镉等。

3. 核电站的“管道”——回路

核电站利用核能产生蒸气的系统称为“核蒸气供应系统”，这个系统通过核燃料的核裂变能加热外回路的水来产生蒸气。核电站实现了核能—热能—电能的能量转换，核电站中的能量转换借助于三个回路来实现：

一回路：核电站的热源，通过核裂变产生热能，并把热能传送给二回路；

二回路：通过汽轮发电机组把从一回路获得的热能转化为电能；

三回路：核电站的最终热阱，排出一回路和二回路的热量，确保一回路和二回路安全运行，并冷却二回路的冷端使得二回路成为一个循环。

为了将裂变的热导出来，反应堆必须有冷却剂，常用的冷却剂有轻水、重水、氦和液态金属钠等。

4. 核电站的“发动机”——反应堆

反应堆是核电站的心脏，它是使原子核裂变的链式反应能够有控制地持续进行的装置，是利用核能的一种最重要的大型设备。之所以把它叫做“堆”，是因为世界上第一个核反应堆是用石墨块（用以控制反应速度）和金属铀块（反应燃料）一层一层交替地“堆”起来而构成的。反应堆由堆芯、冷却系统、慢化系统、反射层、控制与保护系统、屏蔽系统、辐射监测系统等组成。

目前核反应堆概念上可有900多种设计方法，以下讲述主要根据中子能量分为热中子堆和快中子堆。

(1) 热中子堆。

热中子堆指堆内燃料的裂变大部分由热中子引起的反应堆。当前世界上绝大多数反应堆均为热中子反应堆，简称“热堆”或“慢堆”。易裂变物质铀235，铀233和钚239最容易在能量低于1电子伏的热中子作用下发生裂变。由核裂变产生的中子有1兆电子伏大小的能量，必须使用慢化剂使裂变中子尽快慢化到热中子的能量范围。热中子堆可以在易裂变材料装量较少的情况下达到临界，这种反应堆易控制，但核燃料的利用率不是很高。

已经实用化的热中子堆有轻水堆和重水堆之分。

重水堆以重水作慢化剂,重水的中子吸收截面小,慢化性能好,中子利用率高,故可直接利用铀 235 作为核燃料。加拿大是 CANDU 型重水堆的唯一生产国。

轻水堆又可分为压水型和沸水型。

压水堆以高压欠热水作为慢化剂和冷却剂,由核岛、常规岛、电厂配套设施等三部分组成,具有功率密度高、结构紧凑、安全易控、技术成熟、造价和发电成本低等特点,是采用最广泛的堆型。

沸水堆以沸腾轻水作为慢化剂和冷却剂,并在反应堆压力容器内直接产生蒸气的动力堆。沸水堆无蒸气发生器,减少了故障源,但^{16}N 的放射性以及燃料棒破损时气体和挥发性裂变产物都会直接污染汽轮机系统。

石墨水冷反应堆是以石墨慢化,轻水冷却的反应堆,属压力管沸水型核反应堆。苏联是唯一发展石墨水冷堆核电厂的国家。1986 年 4 月 26 日发生切尔诺贝利核电厂事故后,决定停止发展该类型核电厂。

(2) 快中子反应堆。

快中子反应堆是指没有中子慢化剂的核裂变反应堆。快中子反应堆以钚 239 作燃料,并在外围再生区里放置铀 238。在快中子增殖堆内,每个铀 235 核裂变所产生的快中子,可以使 12 至 16 个铀 238 变成钚 239。尽管它一边在消耗核燃料钚 239,但一边又在产生核燃料钚 239,生产的比消耗的还要多,具有核燃料的增殖作用,所以这种反应堆也被叫做快中子增殖堆,简称"快堆"。据计算,如快中子反应堆推广应用,将使铀资源的利用率提高50~60倍,几乎可以百分之百地利用铀资源,大量铀238堆积浪费、污染环境问题将能得到解决。

5. 核电站"保护伞"——反应堆安全控制系统

如上所述,为了防止放射性物质的泄漏,核电站设置了四道安全屏障。

二、核能发展现状

核电站具有节省能源、减轻运输负担、安静清洁、发电成本低兼生产各种放射性核素等多种优越性。全世界正在运行的核动力堆已超过440座,总装机容量超过387千兆瓦,其中法国核电占其国内总电力的74.6%,比利时占56.8%,瑞典占39%,日本占33.8%,德国占30.6%,英国占22%,美国占20%,俄罗斯为16%,而中国约为2%。发展核电是我国可持续发展战略的重要组成部分。

核电站发展历程,大致分为四个阶段:

(1)第一代核电站。

20世纪50年代至60年代初,苏联、美国等建造了第一批单机容量在30万千瓦左右的核电站。第一代核电厂属于原型堆核电厂,主要目的是为了通过试验示范形式来验证其核电在工程实施上的可行性。

（2）第二代核电站。

第二代核电站建设实现了商业化、标准化、系列化、批量化，以提高经济性。第二代核电站是目前世界运行核电站的主力机组，总装机容量为3.72亿千瓦。在三里岛核电站和切尔诺贝利核电站发生事故之后，各国对正在运行的核电站进行了不同程度的改进，在安全性和经济性方面都有了不同程度的提高，但其应对严重事故的措施还比较薄弱。

（3）第三代核电站。

和正在运行发电的第二代核电机组相比，第三代核电站把预防和缓解严重事故作为设计上的必须要求。目前有美国的AP1000（压水堆）和ABWR（沸水堆），以及欧洲的EPR（压水堆）等型号，它们发生严重事故的概率均比第二代核电机组小100倍以上。

（4）第四代核能系统。

第四代核能系统将满足安全、经济、可持续发展、极少的废物生成、燃料增殖风险低、防止核扩散等基本要求。预计在2030年左右，向市场推出第四代核能系统。

三、核燃料循环

核燃料循环是指核动力反应堆供应燃料和其后的所有处理和处置过程的各个阶段。它包括铀的采矿，加工提纯，化学转化，同位素浓缩，燃料元件制造，元件在反应堆中使用，核燃料后处理，核废物处理和处置等。

在核燃料循环中，如何有效合理地利用钚，一直是原子能和平利用的重要任务。最初利用铀的链式反应生产钚是为了军事目的，即生产核武器。但随着高富集铀生产技术的发展以及钚量的增加，钚除用于制备核武器外，还可以制成核燃料，用作和平目的。MOX 可以利用乏燃料中的钚。有统计数据表明，钚的单次循环利用可以将铀原料的利用率提高 12%，而如果将核废料中的铀也循环利用，那么利用率将提高 22%。

日本政府在 20 世纪 70 年代就推出“钚热利用”计划，截至 2010 年 4 月，日本原子能安全保安院已代表经济产业省批准 10 台核电机组使用 MOX 燃料，其中就包含了这次发生核泄漏的福岛第一核电站的 3 号机组。

参考文献

［1］杨龙，王忠灿，闵锐．军队放射源卫生防护与安全．苏州：苏州大学出版社，2010 年 8 月．

［2］郭力生，鲁华玉．防原医学．北京：原子能出版社，2006 年 12 月．

［3］周平坤．辐射致癌效应与机理．北京：军事医学科学出版社，2007 年 9 月．

［4］肯尼斯·加尔布雷思，王宏林译．核击日本．北京：京华出版社，2004 年 6 月．

［5］军事医学科学院放射医学研究所．广岛、长崎原子弹爆炸灾害．北京：国防工业出版社，2006 年 3 月．

［6］刘本俶，叶根耀．上海"6·25"^{60}Co 源辐射事故病人诊断与救治文集．北京：北京科学技术出版社，1994 年 3 月．

［7］巴尔克维奇·瓦列里·阿纳托利耶维奇．切尔诺贝利核电站事故发生后军队和居民采取的辐射防护措施．解放军医学杂志，2007，32（7）：758－760．

[8] 专题研究报告:切尔诺贝利核事故的辐射影响、后果及防护措施. 北京:军事医学科学院放射医学研究所,2001 年 5 月.

[9] 刘长安,耿秀生,刘英. 稳定碘预防在核事故应急中的应用. 北京:北京大学医学出版社,2006 年 7 月.

[10] 吴德昌,叶常青. 钚吸入所致损伤效应研究论文汇编. 北京:北京放射医学研究所,1992 年 7 月.